高职高专"工学结合"精品系列教材

维修电工实训教程

◎主编　王　刚

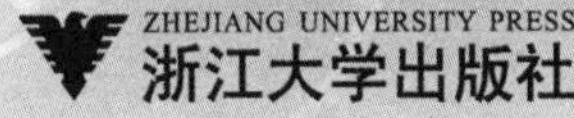

图书在版编目(CIP)数据

维修电工实训教程 / 王刚主编. —杭州：浙江大学出版社，2016.8

ISBN 978-7-308-16094-0

Ⅰ. ①维… Ⅱ. ①王… Ⅲ. ①电工—维修—职业技能—鉴定—教材 Ⅳ. ①TM07

中国版本图书馆 CIP 数据核字（2016）第 181872 号

维修电工实训教程

王　刚　主编

责任编辑　徐　霞
责任校对　陈慧慧　汪淑芳
封面设计　林智广告
出版发行　浙江大学出版社
（杭州市天目山路 148 号　邮政编码 310007）
（网址：http://www.zjupress.com）
排　　版　杭州林智广告有限公司
印　　刷　临安市曙光印务有限公司
开　　本　787mm×1092mm　1/16
印　　张　9
字　　数　220 千
版 印 次　2016 年 8 月第 1 版　2016 年 8 月第 1 次印刷
书　　号　ISBN 978-7-308-16094-0
定　　价　28.00 元

浙江大学出版社发行中心联系方式：(0571) 88925591;http://zjdxcbs.tmall.com

前　言

本书是编者根据高等职业技术人才培养目标和职业技能鉴定的双重要求，结合最新的课程标准编写而成的一体化教材。

本书主要内容包括：电工基本技能、电力拖动控制电路的安装、机床电气控制电路的故障诊断与分析、电子技术应用等初、中级维修电工技能训练内容。为了贯彻国家关于职业资格证书与学业证书并重、职业资格证书制度与国家就业制度相衔接的政策精神，本教材内容涵盖有关国家职业标准（初、中级）的知识、技能要求，确实保证毕业生达到相应等级技能人才的培养目标。本书吸收和借鉴了浙江工业职业技术学院教学改革的成功经验，采用了理论知识与技能训练一体化的模式，使教材内容更加符合学生的认知规律，保证理论与实践的密切结合。

本书可以作为高等职业技术学院和高级技术学校维修电工技能训练的配套教材，也可作为职业高中和企业维修电工中级技术培训的教材及职工自学用书。

本书由浙江工业职业技术学院电气电子工程学院自动化技术教研室负责编写，参加编写的人员有：王刚、高建强、林嵩、朱楠、周永坤、吴思俊、徐见炜。

作　者

2016 年 5 月

目　　录

模块一　电工基本技能 …… 1

任务一　认识电力系统 …… 1
任务二　电气安全作业 …… 4
任务三　触电急救 …… 16
任务四　常用电工工具使用 …… 18
任务五　导线连接及恢复绝缘 …… 27
任务六　三相笼型异步电动机的检修 …… 35
任务七　室内照明与配电电路的安装 …… 46

模块二　电力拖动控制电路的安装 …… 51

任务一　常用低压电器的识别 …… 51
任务二　单向连续运行控制电路的安装 …… 64
任务三　双重连锁正反转控制电路的安装 …… 70
任务四　工作台自动往返控制电路的安装 …… 73
任务五　Y-△降压启动控制电路的安装 …… 76
任务六　双速异步电动机手动、自动调速控制电路的安装 …… 79

模块三　机床电气控制电路的故障诊断与分析 …… 82

任务一　T68镗床电气控制电路检修 …… 86
任务二　X62W万能铣床电气控制电路检修 …… 94
任务三　20/5t桥式起重机电气控制电路检修 …… 104

模块四　电子技术应用 …… 116

任务一　单相桥式整流、滤波电路的安装 …… 116
任务二　串联型可调稳压电源的安装 …… 122
任务三　单相可控调压电路的安装 …… 125
任务四　单稳态电路的安装 …… 129
任务五　准互补推挽乙类功放电路的安装 …… 131

模块一　电工基本技能

任务一　认识电力系统

一、维修电工的任务和作用

维修电工的任务是保证企业中拖动生产机械运动的各种类型的电动机及其电气控制系统和生产、生活照明系统的正常运行。这对于提高企业的劳动生产率和保证安全生产都具有重大作用，其主要任务包括：

(1) 照明电路和照明装置的安装；动力电路和各类电动机的安装；各种生产机械的电气控制电路的安装。

(2) 各种电气电路、电气设备、电动机的日常保养、检查与维修。

(3) 根据设备管理的要求，维修电工除按照"预防为主，修理为辅"的原则来降低故障的发生率以外，还要进行改善性的修理工作，针对设备的重复故障，采取根治的办法，进行必要的改进。

(4) 安装、调试和维修与生产过程自动化有关的电子设备。

二、电能的生产、输送和分配概况

由发电、输电、变电、配电、用电设备及相应的辅助系统组成的电能生产、输送、分配、使用的统一整体称为电力系统。电力系统的示意图如图 1-1-1 所示，图中发电厂的发电机产生的电能，经过升压变压器升压后，经由高压输电线输送至区域变电所，再按需要分配给各类电力用户。

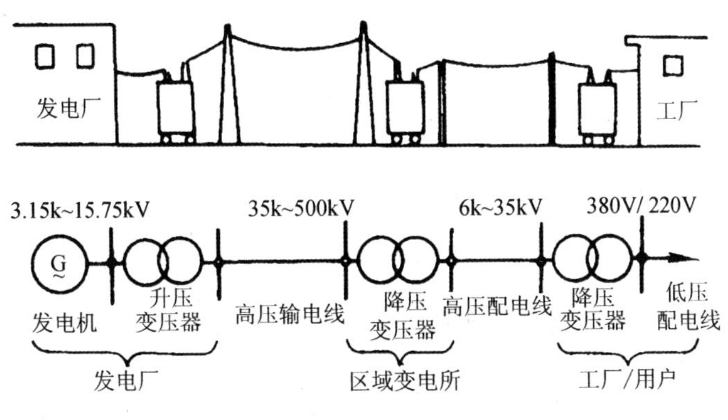

图 1-1-1　电力系统

（一）发电

发电就是电力的生产，生产电力的工厂称发电厂，发电厂是把其他形式的能量转换成电能的场所。发电厂按所用能源不同，可分为火力发电厂、水力发电厂和原子能发电厂等，此外还有太阳能、风力、潮汐和地热发电等。我国电力的生产主要来源于火力发电和水力发电。火力发电厂通常以煤或油为燃料，使锅炉产生蒸汽，以高压高温蒸汽驱动汽轮机，由汽轮机带动发电机而发电。水力发电厂是利用自然水资源作为动力，通过水库或筑坝截流的方法提高水位，利用水流的位能驱动水轮机，由水轮机带动发电机而发电。原子能发电厂也称核电厂，它由核燃料在反应堆中的裂变反应所产生的热能来产生高压高温蒸汽，驱动汽轮机而带动发电机发电。目前，世界上由发电厂提供的电力，绝大多数是交流电。

（二）电能的传输

通常把发电厂建在远离城市中心或者能源产地附近。因此，发电厂发出的电能还需要经过一定距离的输送，才能分配给各类用户。由于发电机的结构、绝缘强度和运行安全等因素制约，发电机产生的电能电压不会很高，一般为3.15kV、6.3kV、10.5kV、15.75kV等。为了减少电能在数十、数百千米输电电路上的损耗，因此必须经过升压变压器升高电压到35k～500kV后再进行远距离输电。目前，我国常用的输电电压的等级有35kV、110kV、220kV、330kV及500kV等。输电电压的高低，要根据输电距离和输电容量而定，其原则是，容量越大，距离越远，输电电压就越高。高压输电到用户区后，再经由降压变压器将高电压降低到用户所需要的各种电压。

（三）工厂中的变、配电

变电即变换电网电压的等级，配电即电力的分配。变电可分为输电电压的变换和配电电压的变换。完成前者任务的称为变电站或变电所，完成后者任务的称为变配电站或变配电所。如果只具备配电功能而无变电设备的称为配电站或配电所。通常大、中型企业都有自己的变、配电站，由高压配电室、变压器室和低压配电室组成。用电量在1000kW以下的企业，采用低压供电（在电力系统中1kV以上为高电压，1kV以下为低电压），只需要一个低压配电室就够了。电能输送到工厂后，经高压配电室配电后，由变压器室的降压变压器将6k～35kV的电源电压降压至380V/220V的低电压，再经过低压配电装置，对各车间用电设备进行供电。在车间配电中，对动力用电和照明用电采用分别配电的方式，即把各个动力配电电路以及照明配电电路一一分开，这样可避免局部事故而影响整个车间的生产。

低压供电系统的类型主要有三相三线制、三相四线制和三相五线制等，但这些名词术语内涵不是十分严格。国际电工委员会（IEC）对此作了统一规定，称为TT系统、TN系统、IT系统。其中，TN系统又可以分为TN-C、TN-S、TN-C-S系统。

1. TT方式供电系统

TT方式供电系统是指将电气设备的金属外壳直接接地的保护系统，称为保护接地系统，也称TT系统。第一个符号T表示电力变压器二次侧绕组中性点直接接地；第二个符号T表示负载设备外露但不与带电体相接的金属导电部分与大地直接连接。在TT系统中负载所有接地均称为保护接地，这种供电系统也叫三相三线制供电系统。

2. TN方式供电系统

TN方式供电系统是将电气设备的金属外壳与工作零线相接的保护系统，称作接零保护系统，也称 TN 系统。根据其保护零线是否与工作零线分开而划分为 TN-C 和 TN-S 两种。

（1）TN-C 方式供电系统

它是用工作零线兼作接零保护线，可以称作保护中性线，可用 NPE 表示，属于典型的三相四线制供电系统，如图 1-1-2 所示。

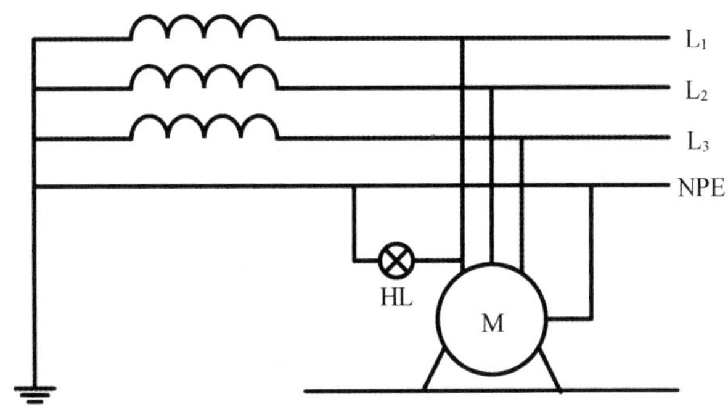

图 1-1-2　TN-C 方式供电系统

（2）TN-S 方式供电系统

它是把工作零线 N 和专用保护线 PE 严格分开的供电系统，称作 TN-S 供电系统，属于典型的三相五线制供电系统，如图 1-1-3 所示。

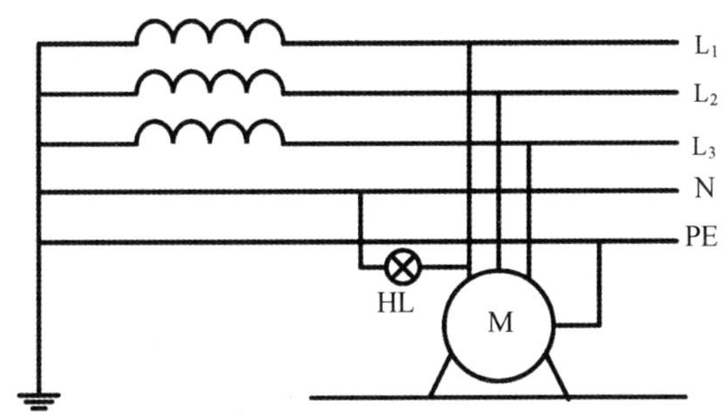

图 1-1-3　TN-S 方式供电系统

（3）TN-C-S 方式供电系统

它的前部分以 TN-C 方式供电，而施工规范规定施工现场必须采用 TN-S 方式供电系统，则可以在系统后部分的现场总配电箱中分出 PE 线。因此该供电系统常用于建筑施工临时供电，如图 1-1-4 所示。

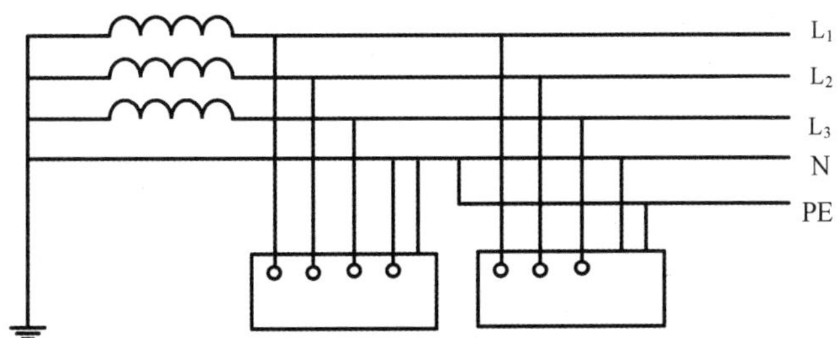

图 1-1-4　TN-C-S 方式供电系统

三、电力用户的分类

(一) 一类负荷

一类负荷是指中断供电将造成人身伤亡、重大的政治影响、重大的经济损失或公共场所秩序严重混乱的负荷。对一类负荷应有两个或以上独立电源供电。

(二) 二类负荷

二类负荷是指中断供电将造较大的经济损失(如大量产品报废)或造成公共场所秩序混乱的负荷(如大型体育场馆、剧场等)。对二类负荷尽可能要有两个独立的电源供电。

(三) 三类负荷

不属于一、二类电力负荷的即为三类负荷。三类负荷对供电没有什么特别要求,可以非连续性地供电,如小市镇公共用电、机修车间等,通常用一个电源供电。

任务二 电气安全作业

一、电气安全基本知识

(一) 电流对人体的伤害作用

电流对人体作用的规律,不但可用于定量地分析触电事故,更重要的是只有运用这些规律,才能科学地评价一些防触电措施和设备是否完善,才能科学地评定一些安全电器产品和电气规范是否合格、是否适用等。

1. 电流流过人体的作用机理和征象

电流通过人体时破坏人体内细胞的正常工作,主要表现为生物学效应。电流作用于人体还包含热效应、化学效应和机械效应。小电流通过人体,会引起麻感、针刺感、压迫感、打击感、痉挛、疼痛、呼吸困难、血压异常、昏迷、心律不齐、窒息、心室颤动等症状。数安培以上的电流通过人体,还可能导致严重的烧伤。

心室颤动是小电流电击使人致命最多见和最危险的原因。发生心室颤动时,心脏每分钟颤动 1000 次以上,但幅值很小,而且没有规则,血液实际上中止循环。电流通过心脏,可直接作用于心肌引起心室颤动;电流也可能经中枢神经系统反射引起心室颤动。机体缺氧也可能导致心室颤动,如有电流通过胸部,持续时间较长即可能引起窒息,进而由机体缺氧和中枢神经反射导致心室颤动或心脏停止跳动。

2. 电流对人体的伤害类型

人体触及带电体,并使人体成为闭合电路的一部分,就会有电流通过人体,对人体造成伤害。电流对人体的伤害,主要有电击和电伤两种。

(1) 电击

电击是指电流通过人体内部,直接造成人体内部组织的损害,也是最危险的触电伤害。由于电击时电流从身体内部通过,故触电者大多外伤并不明显,多数只留下几个放电斑点,这是电击的一大特征。人体遭电击后，引起的主要病理变化是心室纤维性颤动、呼吸麻痹及呼吸中枢衰竭等。特别是当电流直接经过神经中枢组织或心脏时，将会引起中枢神经系统失调或心室纤维性颤动，造成人体呼吸困难或心脏停搏而死亡。

(2) 电伤

电伤是指电流直接或间接造成人体体表的局部损伤。电伤包括灼伤、电烙印和皮肤金属化等。

灼伤是因电流的热效应引起的一种伤害。最严重的灼伤是电弧对人体体表造成直接烧伤，这种灼伤主要发生于高压触电。另一种常见的灼伤是由于电弧的辐射热使附近人员烧伤，或因飞溅而起的灼热熔化金属粉末或热气浪对人体造成烧伤。

电烙印是人体与带电部分接触良好时，在皮肤上形成一种圆形或椭圆形的红肿。电烙印并不是由于热效应引起的，而是因为化学效应和机械效应引起的。

皮肤金属化是电伤中最轻微的一种伤害，它是由于被电流熔化的金属微粒渗入皮肤表层所引起的。这时皮肤表面粗糙坚硬，使人有绷紧的感觉，一般不会造成严重后果。

触电是一个比较复杂的过程，在很多情况下，电击和电伤往往是同时发生的，绝大部分的触电死亡事故是电击造成的。

根据资料表明，电击多发生在低压(对地电压 250V 以下)系统，因为，一是人们接触的低压电器多，导致触电的可能性就大；二是在触及带电体导致触电时，往往同时伴随手部痉挛，紧握带电体，不能摆脱，电流长时间通过人体，造成综合性电击损伤。而在 10k～35kV 的高压环境下，当人体还未直接接触带电体时，就会发生高压带电体击穿空气间隙对人体放电，若不是人体触电后倒在带电体上，则会很快脱离电流，若没有造成二次性伤害，不致死亡。在 110kV 及以上的超高压环境下，当超高压带电体击穿空气间隙对人体放电时，因接地短路电流大，虽人体能及时脱离电流，但也会因造成大面积灼伤而死亡。

3. 电流对人体伤害程度的影响因素

不同的人在不同的时间、不同的地点与同一带电体接触，后果将是千差万别的。这是因为电流对人体的作用受很多因素的影响。

(1) 电流大小的影响

通过人体的电流越大，人体的生理反应和病理反应越明显，引起心室颤动所需的时间越短，致命的危险性越大。按照人体呈现的状态，可将预期通过人体的电流分为三个级别。

①感知电流。使人体有感觉的最小电流，称之为感知电流。实验表明，在一定的统计概率下，工频的平均感知电流，成年男性约为 1.1mA，成年女性约为 0.7mA；对于直流电约为 5mA。

②摆脱电流。人体发生触电后能自行摆脱带电体的最大电流称之为摆脱电流。摆脱电流值与人体生理特征、与带电体接触方式以及电极形状等有关。根据实验概率统计，工频的平均摆脱电流，成年男性约为 16mA，成年女性约为 10mA；对于直流电平均约为 50mA；儿童的摆脱电流较小。

③致命电流(室颤电流)。人体发生触电后在较短时间内危及生命的最小电流称为致命电流。在低压触电事故中，心室颤动是触电致命的原因，因此，通常致命电流又称之为心室颤动最小电流。一般情况下通过人体的工频电流超过 50mA 时，心脏就会停止跳动，出现致命的危险。大量的实验研究资料表明，当电流大于 30mA 时才有发生心室颤动的危险，因此

可把 30mA 作为心室颤动电流的极限值。当前的漏电保护器其漏电脱扣动作电流都设定为 30mA,就是基于这个道理。

(2) 电流持续时间的影响

电流持续时间越长,则电击危险性越大。其原因包括以下四个方面。

①电流持续时间越长,则体内积累电能越多,伤害越严重,表现为室颤电流减小。

②心电图上心脏收缩与舒张之间的约 0.2s 是心脏易损期。电击持续时间延长,必然重合心脏易损期,则电击危险性增大。

③随着电击持续时间的延长,人体的电阻由于出汗、击穿、电解而下降,如接触电压不变,流经人体的电流必然增加,电击危险性随之增大。

④电击持续时间越长,中枢神经反射越强烈,电击危险性越大。

(3) 电流途径的影响

人体在电流的作用下,没有绝对安全的途径。电流通过心脏会引起心室颤动乃至心脏停止跳动而导致死亡;电流通过中枢神经及有关部位,会引起中枢神经强烈失调而导致死亡;电流通过头部,严重损伤大脑,亦可能使人昏迷不醒而死亡;电流通过脊髓会使人截瘫;电流通过人体的局部肢体亦可能引起中枢神经强烈反射而导致严重后果。

流过心脏的电流越大、电流路线越短的途径,其电击危险性越大。从左手到胸部以及从左手到右脚是最危险的电流途径;从右手到胸部或从右手到右脚、右手到左手等都是很危险的电流途径;从脚到脚一般危险性较小,但可能因痉挛而摔倒,导致电流通过全身要害部位,同样会造成严重后果。

(4) 电流频率的影响

电流的频率对触电者伤害程度有直接影响。50～60Hz 的交流电对人体的伤害程度最大,当低于或高于以上频率范围时其伤害程度就会显著减轻。对于直流电来说,它的伤害程度要远比工频交流电小,人体对直流电的极限忍耐电流值约为 100mA。

(5) 电压高低的影响

人体触电电压越高,通过人体的电流越大,危险性越大。由于通过人体电流与作用于人体上的电压并非线性关系,随着作用于人体上电压的升高,人体电阻急剧下降,致使电流迅速增加,从而对人体的伤害更为严重。1kV 以上的高电压触电还会伴随弧光烧伤、击穿甚至引起心肌纤维断裂,因此后果更为严重。

(6) 人体电阻及健康状况的影响

人体触电时,人体电阻值与流经人体的电流成反比。人体电阻越小,流过人体的电流越大,伤害程度也越严重;人体电阻越大,流过人体的电流越小,伤害程度相对减弱。干燥条件下,人体电阻为 1000～3000Ω,皮肤损伤、皮肤表面沾有导电性粉尘、接触压力增大、电流持续时间延长、接触面积增大等都会使人体阻抗下降。潮湿条件下的人体阻抗约为干燥条件下的 1/2。人体的健康状况和精神状态正常与否对于触电后果有一定的影响,如患有心脏病、神经系统疾病、结核病或醉酒的人因触电受伤的程度要比正常人严重。另外,性别和年龄的不同对触电后果也有不同程度的影响,女性较男性敏感,小孩遭受电击较成人危险。

(二) 人体触电的方式

按照发生触电时电气设备的状态,触电可分为直接接触触电和间接接触触电两类。直接接触触电是人体触及设备和电路正常运行时的带电体发生的触电(如误触接线端子发生的触电),也称为正常状态下的触电。间接接触触电是触及正常状态下不带电,而当设备或电路故障时意外带电的导体发生的触电(如触及漏电设备的外壳发生的触电),也称为故障状态下的触电。由于两者发生事故的条件不同,所以防护技术也不相同。

1. 直接接触触电

直接接触触电的特点是:人体所触及的是运行设备的正常带电体。

实际上直接接触触电时,人体成了闭合电路的一个组成部分,使人体的某一局部相当于电路中的负载阻抗。由于人体电阻较小,通过人体的电流往往比较大,在380V/220V的低压配电系统中,可能会达到数百毫安(远大于50mA的致命电流),因此危险性大,是伤害程度最为严重的一种触电形式。直接接触触电发生的原因主要有以下两种情况:一是由于误碰或误接近带电设备所造成;二是由于停电检修作业时,未装设临时接地线而意外地发生突然来电造成触电。根据人体与带电体的接触方式的不同,直接接触触电分为单相触电和两相触电两种。

(1) 单相触电

单相触电是指人体接触地面或其他接地体,人体的一部分触及某一相带电体的触电事故,如图1-2-1所示。对于高压带电体,人体虽未直接接触,但如果安全距离不够,高压对人体放电造成单相接地引起的触电也属于单相触电。在触电事故中,大部分属于单相触电。

单相触电的危险程度是根据电压的高低、绝缘情况、电网的中性点是否接地和相对地电容的大小等决定的。中性点接地系统的单相触电比中性点不接地系统的危险性大。

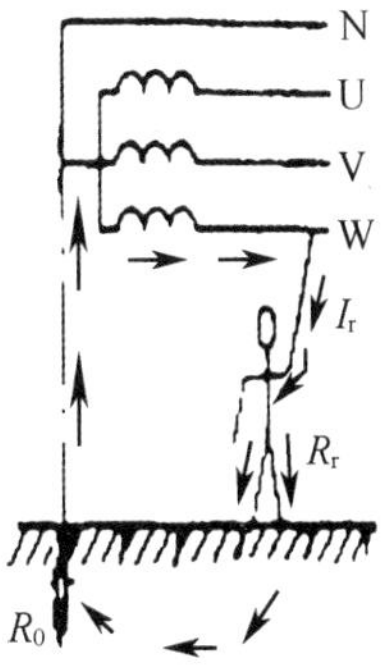

图1-2-1 单相触电

如图1-2-1所示,通过人体的电流为:

$$I_r = \frac{U}{R_r + R_0}$$

式中:I_r 为流过人体的触电电流(A);U 为相对地电压(相电压)(V);R_r 为人体电阻(Ω);R_0 为电网中性点接地电阻(4Ω)。

由于 R_0 与 R_r 相比很小,可忽略不计,因此有:

$$I_r = \frac{U}{R_r}$$

从上式可以看出,若此时人体电阻以1000Ω计算,则在220V中性点接地的电网中发生单相触电时,流过人体的电流将达到220mA,已大大超过人体所能承受的数值。就算是在110V系统中触电时,通过人体的电流也达110mA,仍然危及生命安全。若是人体在绝缘板上或穿绝缘鞋,则人体与大地间的电阻会变得很大,通过人体的电流将很小,就不会造成触电危险了。

(2) 两相触电

两相触电是指人体的两处同时接触带电的任意两相的触电,如图1-2-2所示。两相触电时,不管电网的中性点是否接地、人体与大地是否绝缘,人体都会触电。此时相与相之间以人体作为负载形成回路,流过人体的电流完全取决于电网的线电压和人体电阻。这种方式的触电

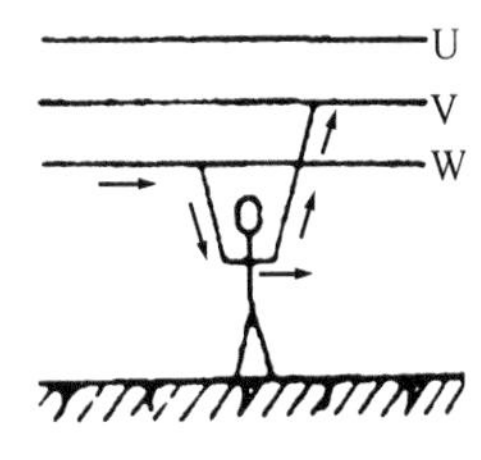

图1-2-2 两相触电

比单相触电更危险。

2. 间接接触触电

(1) 跨步电压触电

当电气设备或电路发生接地故障时，接地故障电流通过接地体向大地流散，在大地表面形成分布电位(在接地体近端电位最高，离开接地体电位逐渐降低，20 米处电位趋于零)。此时如有人在接地体附近行走，则两脚之间的电位差造成的触电即为跨步电压触电。

(2) 接触电压触电

接触电压触电是指人体站立在发生漏电设备的旁边，人手触及漏电的设备外壳，手与脚两点间的电位差造成的触电。接触电压的大小，随人体站立点的位置而异。当人体站立处距离漏电设备较远时，接触电压高；反之，当人体站立于漏电设备金属外壳上时，接触电压为零。

(3) 感应电压触电

设备运行时的电磁感应和静电感应作用，能使附近的停电设备上感应出一定的电压，其数值的大小取决于带电设备电压的高低和停电设备与带电设备两者的接近程度、平行距离、几何形状等因素。电气工作者往往对感应电压缺乏思想准备，因此，具有相当危险性。在电力系统中，感应电压触电事故屡有发生，甚至造成伤亡事故。

(4) 剩余电荷触电

电气设备的相间绝缘和对地绝缘都存在着电容效应，由于电容器具有储存电荷的作用，因此，在刚断开电源的停电设备上，可能保留一定量的电荷，称之为剩余电荷，若此时有人触及该设备，就可能触电。另外，如大容量电气设备(变压器、电机等)和电力电缆、并联电容器等在测量绝缘电阻或耐压试验后都会有剩余电荷的存在。设备容量越大、电缆电路越长，这种剩余电荷的积累越多。因此在绝缘电阻的测量或耐压试验工作结束后，必须注意充分放电，以防剩余电荷触电。

(5) 静电触电

静电是一种自然现象，随着科学技术的发展，静电在生产实践中已被人们广泛利用。但是，静电也能引起爆炸、火灾，还能对人体造成电击伤害。静电具有电压高、能量不大、静电感应和尖端放电等特点，当人体靠近带静电的物体时或带静电荷的人体接近接地体时，会发生放电使人遭受电击，造成伤害。由于静电电击不是电流持续通过人体的电击，而是静电放电造成的瞬间冲击性电击，由于能量较小，因此通常不会造成人体心室颤动而死亡，但是往往会造成二次伤害(例如高空坠落或其他机械性伤害)，因此同样具有相当的危险性。

二、触电防护技术

(一) 造成触电事故的基本因素

(1) 人体构成了闭合电路的一部分，使人体的一部分相当于电路中的负载阻抗。

(2) 在人体的某两个部位之间施加了一个足以危及人身生命安全的接触电压。

(3) 在一个持续时间间隔内，有足以危及人身安全的电流值(致命电流)通过人体。

各种触电防护技术手段，都是立足于控制、改变上述三个基本因素来实现的。例如，各种电气设备的绝缘措施，操作人员穿绝缘鞋、戴绝缘手套、垫绝缘垫，检修作业中使用绝缘工具以及小容量低压配电系统采用中性点不接地供电方式等，都是为了使人体在触及带电体时，不会构成闭合电路。电气设备外壳或架构采用接地、接零或采用36V及以下的安全电压，是为了降低接触电压。采用迅速切断电源的自动开关(如漏电保护器等)就是为了限制触电者接触电源的持续时间，以确保在发生触电事故时人体能迅速脱离电源。

国际电工技术委员会(IEC)把人体触电概括为直接接触和间接接触两大类。因此，有关触电保护技术，也就相应地归纳为直接接触触电的防护和间接接触触电的防护两个方面。

（二）直接接触触电的防护

防止直接接触触电是电气设备在设计、制造、安装和使用中所必须保证和满足的最基本要求，是制定标准和规程的基本出发点。任何电气设备或装置以及电气工程，都必须采取可靠措施，用来防止人体偶然触及或者过分接近带电的导体。有关防止直接接触触电的防护措施，概括起来有下列几个方面。

1. 绝缘

这种防护就是利用绝缘材料(例如瓷、云母、橡胶、胶木、塑料、纸、布等)把带电导体完全包封起来，从而保证在正常工作条件下，人体不致触及带电导体。这种防护要求电气设备在运行中能长期经受电气、机械、化学和发热等造成的影响，而绝缘性能继续有效。任何电气设备和装置，都应根据使用环境和应用条件采用相应等级的绝缘。低压电气设备的绝缘性能通常是采用测量绝缘电阻和进行耐压试验来判断。

2. 屏护与遮栏

屏护即采用屏护装置控制不安全因素，例如，将电气设备带电部分采用护罩、护盖、箱匣、遮栏等与外界隔绝开来，例如铁壳开关、磁力启动器、电动机的金属外壳和装置式自动空气断路器的塑料外壳等，都是用来防护直接接触触电的措施。这些屏护装置除作为防止触电设施外，还是防止电弧伤人、电弧短路的重要设施。因此，在正常使用条件下，不准随便拆除。

遮栏通常是用来防止人体过分接近带电体而设置的。例如，高压设备要做到全部绝缘往往很难，如果人接近至一定距离时，即会发生电弧放电触电事故。因此，不论高压设备是否有绝缘措施，均应采用遮栏以防止人体等过分接近。例如，安装在室外的配电变压器以及安装在车间或公共场所的变配电装置，都要装设遮栏。在邻近带电体的作业中，要在工作人员与带电体之间设置临时遮栏，以保证检修工作的安全。这种检修用遮栏，通常采用绝缘材料制成。

3. 间距

所谓间距防护，就是将可能触及的带电体置于可能触及的范围之外，保证人体和带电体有一定的安全距离，防止人体无意地接触或过分接近带电体。安全间距的大小取决于带电体电压的高低、设备的类型、使用环境以及安装方式等因素。在电气安装标准中，规定了低压架空电路对地面、水面、树木、建筑物的安全距离。

例如，规程中规定了人体与带电体间最小安全距离(见表1-2-1)。

表 1-2-1　人体和带电体间的最小安全距离

电压等级/kV	安全距离/m	
	有遮栏	无遮栏
≤1	0.10	—
10	0.70	0.35
35	1.00	0.60
110	1.50	1.50
220	3.00	3.00

4. 安全电压

(1) 安全电压的定义

所谓安全电压，就是把可能加在人身上的电压限制在某一范围之内，使得在这种电压下，通过人体的电流在短时间内不会使人有生命危险，我国规定工频安全电压的上限值，即在任何情况下，两导体间或任一导体与地之间电压均不得超过工频电压的有效值 50V。

(2) 安全电压值的规定

根据我国的具体条件和环境，规定的安全电压额定值的等级有 42V、36V、24V、12V 和 6V。其具体应用范围如下：

携带式照明灯、隧道照明、机床照明、距离地面高度不足 2.5m 的工厂照明，以及在危险环境中使用的部分手持电动工具，如无特殊安全结构或安全措施的，均应采用 36V 安全电压；在地方狭窄、工作不便、潮湿阴暗的场所，如金属容器内、矿井内、隧道内以及工作面周围有大面积金属导体的危险环境中，应采用 24V 及以下的安全电压。在有关安全电压的国家标准中，还进一步规定，当电气设备采用 24V 以上的安全电压时，还必须采取其他防止直接接触带电体的防护措施，也就是说，当采用了 24V 及以下的电压作为额定工作电压时，这种措施本身已满足了直接接触的防护要求。水下作业等场所应采用 6V 安全电压。

(3) 安全电源

为取得安全电压，必须要有一个提供安全电压的电源供电，主要的电源是安全隔离变压器。这种安全隔离变压器要求一、二次侧绕组之间有良好的绝缘，要采用更高级别的耐压试验电压值，并在一、二次侧绕组之间增加接地屏蔽层或者将一、二次侧绕组分别装在两个铁芯柱上，以防止一次侧绕组在发生绝缘击穿等故障时，高电压窜入二次回路，为保证安全，二次回路不得与其他回路及大地有任何连接（见图 1-2-3）。但是变压器的外壳及其一、二次侧绕组之间的屏蔽层，应按规定接地或接零。为了进行短路保护，安全隔离变压器的一、二次回路均应装设熔断器。根据上述要求，自耦变压器、分压器等不能作为安全电压的供电电源。

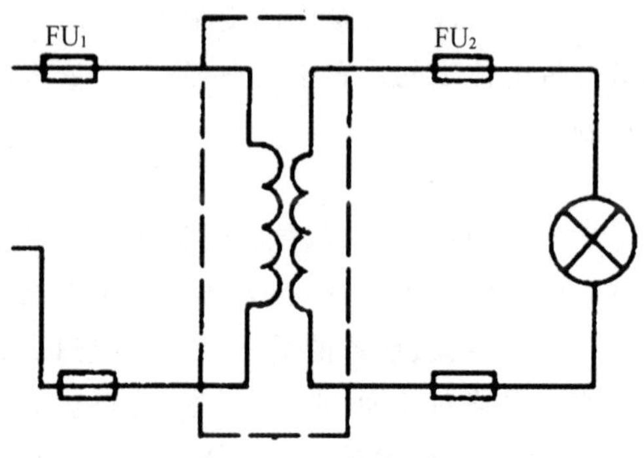

图 1-2-3　安全隔离变压器

（三）间接接触触电的防护

间接接触触电的防护目的是为了防止电气设备在故障运行情况下，发生人身触电事故。同时，也是为了防止电气设备的故障进一步扩大而引起更严重的设备事故。目前，为防止间接接触触电的主要方法有下列几个方面。

1. 自动断路器

当运行中的电气设备发生绝缘损坏而构成接地故障时，设法将故障电气设备的电源自动切断，以防止间接接触触电。

2. 降低接触电压

当运行中的电气设备发生绝缘损坏而使金属外壳带电时，设法降低金属外壳对地电压，以防止间接接触触电。目前主要采用接地保护或接零保护以及等电位联结均压等技术措施。

三、电气作业安全措施

电气作业必须坚持贯彻“安全第一，预防为主”的方针，克服盲目的作业方式和侥幸麻痹心理。由于电能和生产使用的特殊性，只要少许疏忽就有可能酿成大祸，造成生命和财产的损失，为此在电工作业中必须采取行之有效的组织措施和技术措施。

（一）组织措施

在全部停电或部分停电的电气设备上作业，为保证安全的组织措施有：工作票制度，工作许可制度，工作监护制度，工作间断、转移、终结和恢复送电制度。

1. 工作票制度

工作票是准许在电气设备上作业的书面命令，也是明确安全职责，向工作人员安全交底，履行工作许可手续及实施安全技术措施等的书面依据。工作票分为第一种工作票和第二种工作票。

在高压设备或高压电路上工作需要全部停电或部分停电的，以及在高压室内的二次回路和照明等回路上的工作，需要高压设备停电或需要采取安全措施的，应填用第一种工作票。

在带电作业或带电设备外壳上的工作，在控制盘、低压配电盘、配电箱、电源干线上的工作，以及在无须高压设备停电的二次回路上的工作等情况，应填用第二种工作票。

2. 工作许可制度

工作许可制度是确保电气检修作业安全，所采取的一种重要措施。它可以加强运行值班单位和检修单位双方的安全责任感，因此必须在完成各项安全措施后方可履行工作许可手续。

工作许可人（主值人员）在接到检修工作负责人交来的工作票后，应审查工作票所列安全措施是否正确、完善，经审查确定无误后应按工作票上所列要求完成施工现场的安全技术措施，并会同工作负责人再次检查必要的接地、短路和标示牌是否装设齐备，然后才许可工作小组开始工作。

3. 工作监护制度

执行工作监护制度的目的是防止工作人员违反安全规程，监护人应及时纠正不安全操作和其他错误做法，使工作人员在整个工作过程中得到指导和监督。因此，监护人的技术水平应高于工作人员。

4. 工作间断、转移、终结和恢复送电制度

(1) 工作间断时,所有的安全措施应保持原状。当天的工作间断后又继续工作时,无须再经许可;如对隔天的工作间断,应交回工作票,次日复工还应重新得到值班员的许可。

(2) 在未办理工作票手续以前,值班员不准在施工设备上进行操作和合闸送电。

(3) 在同一电气连接部分用同一张工作票依次在几个工作地点转移工作时,全部安全措施由值班员在开工前一次做完,不需再办理转移手续。但工作负责人或监护人在每转移一个工作地点时,必须向工作人员交代带电范围、安全措施和注意事项。

(4) 全部工作完毕后,工作人员应清扫、整理现场。工作负责人或监护人应进行认真的检查,待全体工作人员撤离工作地点后,再向值班人员讲清所修项目、发现的问题、试验结果和存在问题等,并与值班人员共同检查设备状况、有无遗留物件、是否清洁等,然后在工作票上填上工作终结时间,经双方签名后,工作票方告终结。

(5) 只有在同一停电系统的所有工作结束,拆除所有接地线、临时遮栏和标示牌,恢复常设遮栏,并得到值班调度员或值班负责人的许可命令后,方可合闸送电。

(6) 已结束的工作票应加盖"已执行"印章后妥善保存三个月,以便检查。

(二) 技术措施

在电气检修工作中,为防止突然来电(误送电、反送电)以及误入带电间隔、带负荷合闸等重大人身或设备事故的发生,在全部停电或部分停电的电气设备或电路上工作,必须完成停电、验电、装设接地线、悬挂标示牌和装设遮栏等保证安全的技术措施。

1. 停电

停电的基本要求是将需要检修的设备或电路可靠脱离电源,各方向可能来电的电源都要断开。此外,当工作人员在工作时的正常活动范围与邻近带电设备的安全距离小于规程规定时(10kV 及以下,无遮栏为 0.7m,有遮栏为 0.35m),则该邻近的带电设备也必须同时停电。常用的隔离开关和断路器如图 1-2-4 所示。

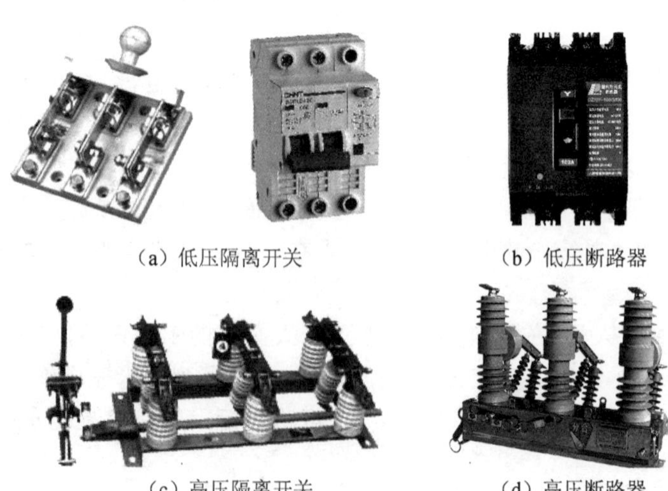

(a) 低压隔离开关　(b) 低压断路器

(c) 高压隔离开关　(d) 高压断路器

图 1-2-4　隔离开关和断路器

停电工作应注意下列安全要求：

(1) 停电的各方面至少有一个明显的断开点(由隔离开关断开)，禁止在只经断路器断开电源的设备或电路上进行工作。与停电设备有关的变压器和电压互感器等必须把一次侧和二次侧都断开，防止向停电检修设备反送电。

(2) 停电操作应先停负荷侧，后停电源侧；先拉开断路器，后拉开隔离刀闸。严禁带负荷拉隔离刀闸。

(3) 为防止因误操作，或后备电源自投入以及因校验工作引起的保护装置误动作造成断路器突然误合闸而发生意外，必须断开断路器的操作电源。对一经合闸就可能送电的刀闸，必须将操作把手锁住。

2. 验电

验电的目的是为了验证停电设备是否确实断电，以防止发生人身触电事故或带电装设接地线等重大事故，常用验电器如图 1-2-5 所示。验电工作是检验停电措施的执行是否正确、完善的重要手段。在实际操作中有很多因素，可能导致本来以为已停电的设备而实际上却仍然是带电的。例如，由于停电措施不周，操作人员失误未能将各方面的电源完全断开；所要进行工作的地点和实际停电范围不符，拉错了开关；二次回路控制电源没有切断而反送入一次回路等。这些虽已停电，但实际带电的电气设备，往往会酿成重大事故。因此，电气设备或电路在切断电源后必须通过验电来确认是否确已无电。

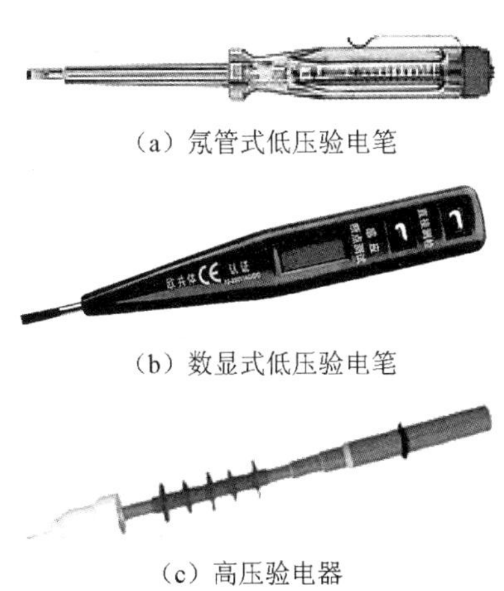
(a) 氖管式低压验电笔

(b) 数显式低压验电笔

(c) 高压验电器

图 1-2-5　常用验电器

验电工作应注意下列安全要求：

(1) 待检修的电气设备和电路停电后，悬挂接地线之前，必须用验电器检验确定无电。

(2) 验电时，应使用电压等级适合，并在有效试验期限内的验电器。验电前、后均应将验电器在确认的带电设备上进行试验，确认验电器是否良好。高压验电时必须戴绝缘手套。

(3) 对停电检修的设备，应在进出线两侧逐相验电。同杆架设的多层电力电路验电时，先验低压，后验高压；先验下层，后验上层。联络用的断路器或隔离刀闸，应在两侧的各相上分别验电。

(4) 表示设备断开和允许进入间隔的信号、电压表指示以及信号灯指示等不能作为设备无电压的依据，只能作为参考。但如信号和仪表指示有电，则禁止在设备上工作。

(5) 对停电的电缆电路进行验电时，由于电缆的电容量大，剩余电荷量多，必须通过放电后再进行验电，直到验电器指示无电，才能确认为无电。切记不能凭经验判断，想当然认为是剩余电荷作用所致，就盲目进行接地操作，这是相当危险的。

3. 装设接地线

装设三相短路接地线的目的是防止工作地点突然来电以及泄放停电设备或电路的剩余电荷及可能产生的感应电荷，从而确保工作人员的安全。短路接地线如图 1-2-6 所示。

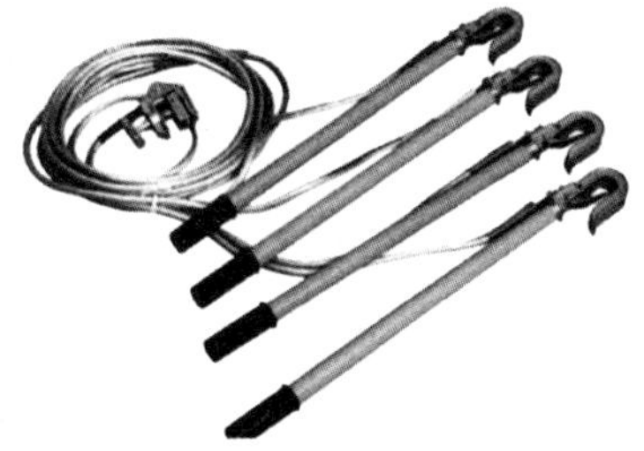
图 1-2-6　短路接地线

装设接地线应注意下列安全要求：

(1) 装设接地线时，应先将接地端可靠接地，当用验电器验明设备或电路确定无电后，立即将接地线的另一端挂接在设备或电路的导体上。

(2) 对于可能送电至停电设备或电路的各个方向，都要装设接地线。

(3) 装设接地线，必须由两人进行，一人监护，一人操作。装设时先接接地端，后接导体端，而且必须接触良好、可靠。拆接地线的次序与此相反。装拆接地线时，均应使用绝缘棒或戴绝缘手套，人体不准碰触接地线。

(4) 检修母线时，应根据母线的长短和有无感应电压等实际情况确定接地线的数量。一般检修 10m 及以下长度的母线可以只装设一组接地线。

(5) 架空电路检修作业时，如电杆无接地引下线，可采用临时接地棒，接地棒在地中插入的深度不得小于 0.6m。

(6) 接地线应采用多股裸铜线，其最小截面不小于 $25mm^2$，必须使用专用的线夹固定在导体上，严禁采用缠结的方法。

4. 悬挂标示牌和装设遮栏

悬挂标示牌可提醒有关工作人员及时纠正将要进行的错误操作和做法，起到禁止、警告、准许、提醒等几方面的作用。标识牌如图 1-2-7 所示。

图 1-2-7　标示牌

悬挂标示牌和装设遮栏应注意下列安全要求：

(1) 在一经合闸即可送电到工作地点的断路器和隔离开关的操作手把上，应悬挂“禁止合闸，有人工作”的标示牌。

(2) 电路检修时，应在该电路的断路器和隔离开关的操作把手上悬挂“禁止合闸，线路有人工作”的标示牌，而且悬挂标示牌的数量，应该与电路检修班组数相等。

(3) 对运行操作的开关和刀闸，标示牌应悬挂在控制盘的操作把手上；对同时能进行运行和就地操作的刀闸，则还应在刀闸操作把手上悬挂标示牌。

(4) 部分停电的工作中，在作业范围内对于安全距离小于规定值的未停电设备，应装设临时遮栏，并在临时遮栏上悬挂“止步，高压危险”的标示牌。

(5) 在室内高压设备上工作，应在工作地点两旁间隔和对面间隔的遮栏上及禁止通行的过道上悬挂“止步，高压危险”的标示牌。在室外地面高压设备上工作，应在工作地点四周用绳子做好围栏，围栏上悬挂适当数量的"止步，高压危险"标示牌。"止步，高压危险"标示牌应朝向围栏里面；"在此工作"的标示牌应向围栏外面悬挂。

(6) 在工作地点，工作人员上下攀登的铁架或梯子上应悬挂"从此上下"的标示牌。在邻近其他可能误登的架构上悬挂"禁止攀登，高压危险"标示牌。

(7) 在停电检修装设接地线的设备框门上及相应的电源刀闸把手上，应悬挂"已接地"标示牌。

(8) 严禁工作人员在检修工作未告终时，移动或拆除遮栏、接地线和标示牌。

四、设备运行安全知识

(1) 对于出现故障的电气设备、装置和电路，不能继续使用时，必须及时进行检修。

(2) 必须严格遵照操作规程进行运行操作，合上电源时，应先合隔离开关，再合负荷开关；分断电源时，应先断开负荷开关，再断开隔离开关。

(3) 在需要切断故障区域电源时，要尽量缩小停电范围。有分路开关的，要尽量切断故障区域的分路开关，尽量避免越级切断电源。

(4) 电气设备一般都不能受潮，要有防止雨、雪和水侵袭的措施。电气设备在运行时会发热，要有良好的通风条件，有的还要有防火措施。有裸露带电体的设备，特别是高压设备，要有防止小动物窜入造成短路事故的措施。

(5) 所有电气设备的金属外壳，都必须有可靠的保护接地。

(6) 凡有可能被雷击的电气设备，都要安装防雷装置。

五、安全用电常识

电工不仅要充分了解安全用电常识，还有责任阻止不安全用电的行为和宣传安全用电常识。

(1) 严禁用一线(相线)一地(大地)安装用电器具。

(2) 在一个插座上不可接过多或功率过大的用电器。

(3) 不掌握电气知识和技术的人员，不可安装和拆卸电气设备及电路。

(4) 不可用金属丝绑扎电源线。

(5) 不可用湿手接触带电的电器，如开关、灯座等，更不可用湿布揩擦电器。

(6) 电动机和电气设备上不可放置衣物，不可在电动机上坐立，雨具不可挂在电动机或开关等电器的上方。

(7) 堆放和搬运各种物资、安装其他设备时，要与带电设备和电源线相距一定的安全距离。

(8) 在搬运电钻、电焊机和电炉等可移动电器时，要先切断电源，不允许拖拉电源线来搬移电器。

(9) 在潮湿环境中使用可移动电器，必须采用额定电压为36V的低压电器，若采用额定电压为220V的电器，其电源必须采用隔离变压器；在金属容器(如锅炉、管道)内使用移动电器，一定要用额定电压为12V的低压电器，并要加接临时开关，还要有专人在容器外监护；低电压移动电器应装特殊型号的插头，以防误插入电压较高的插座。

(10) 雷雨时，不要走近高电压电杆、铁塔和避雷针的接地导线的周围，以防雷电入地时周围存在的跨步电压触电;切勿走近断落在地面上的高压电线,万一高压电线断落在身边或已进入跨步电压区域时,要立即用单脚或双脚并拢迅速跳到 20m 以外的地区,千万不可奔跑,以防跨步电压触电。

六、电气消防基本知识

发生电气设备火灾时,或邻近电气设备附近发生火灾时,电工应运用正确的灭火知识,指导和组织群众采用正确的方法灭火。

(1) 当电气设备或电气电路发生火灾时,要尽快切断电源,防止火情蔓延和灭火时发生的触电事故。

(2) 不可用水或泡沫灭火器灭火,应采用黄沙、二氧化碳或 1211 灭火器(因环保问题,已开始淘汰)灭火。

(3) 灭火人员不可使身体及手持的灭火器材碰到有电的导线或电气设备。

任务三　触电急救

人体触电后,往往会失去知觉或者形成假死,救治的关键在于使触电者迅速脱离电源和及时采取正确的救护方法。

一、触电急救方法

(一) 使触电者迅速脱离电源

如急救人员离开关、插座较近,应迅速拉下开关或拨出插头,以切断电源;如距离开关、插座较远,应使用干燥的木棒、竹竿等绝缘物将带电体或者人体挑开,或用带有绝缘手柄的钢丝钳等切断电源,使触电者迅速脱离电源。如果触电者脱离电源后有摔跌的可能,应同时做好防止摔伤的安全措施。

(二) 脱离电源后,应在现场就地检查和抢救触电者

将触电者移至通风干燥的地方,使触电者仰天平卧,松开衣服和裤带;检查瞳孔是否放大,呼吸和心跳是否存在;同时通知医务人员前来抢救。急救人员应根据触电者的具体情况迅速采取相应的急救措施。对没有失去知觉的,要使其保持安静,不要走动,观察其变化;对触电后精神失常的,必须防止发生突然狂奔的现象。对失去知觉的触电者,若呼吸不齐、微弱或呼吸停止而有心跳的,应采用"口对口人工呼吸法"进行抢救;对有呼吸而心脏跳动微弱、不规则或心跳已停的触电者,应采用"胸外心脏按压法"进行抢救;对呼吸和心跳均已停止的触电者,应同时采用"口对口人工呼吸法"和"胸外心脏按压法"进行抢救。急救人员要有耐心,必须持续不断地进行抢救,直至医务人员到来,即使在送往医院的途中也不能停止抢救。

二、心肺复苏法

(一) 胸外心脏按压法

如图 1-3-1(a)所示,急救人员跨跪在触电者臀部两侧,左手掌根照图 1-3-1(b)所示位置

放在触电者的胸口，右手掌根压在左手掌上，向下按压 3～4cm 后，突然放松，如图 1-3-1(c)、(d)所示。按压和放松动作要有节奏，每秒钟 1 次(儿童 2 秒钟 3 次)为宜，按压用力要适当，用力过猛会造成触电者内伤，用力过小则无效，必须连续进行到触电者苏醒为止。

(二) 口对口(或鼻)人工呼吸法

如图 1-3-2 所示，将触电者仰天平卧，颈部枕垫软物，头部稍后仰，松开衣服和腰带；先清除触电者口中的血块、痰液或口沫，取出口中假牙等杂物。急救人员深深吸气，捏紧触电者的鼻子，包嘴大口地向触电者口中吹气，然后放松鼻子，使之自然呼气，如此重复进行，每次以 5 秒钟为宜，吹气 2 秒，呼气 3 秒，不可间断，直至触电者苏醒为止。

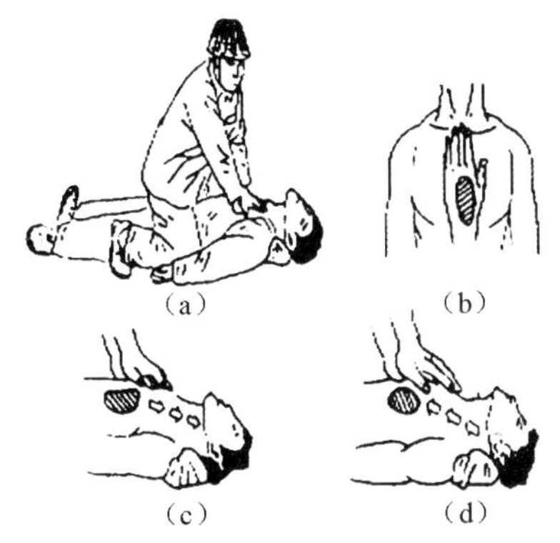

图 1-3-1 胸外心脏按压法

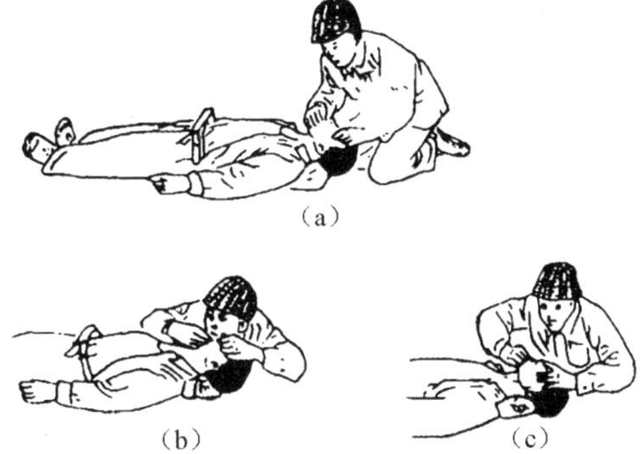

图 1-3-2 口对口(或鼻)人工呼吸法

(三) 牵手人工呼吸法

如图 1-3-3 所示，凡呼吸停止，且口鼻均受伤的触电者应采用此法抢救。

对心跳与呼吸都停止的触电者的急救，应同时采用“口对口人工呼吸法”和“胸外心脏按压法”。如急救人员只有一人，应先对触电者吹气 3～4 次，然后再按压 7～8 次，如此交替重复进行，直至触电者苏醒为止。如果是两人合作抢救，一人吹气，一人按压，吹气时应保持触电者胸部放松，只可在换气时进行按压。

图 1-3-3 牵手人工呼吸法

三、实训内容和过程

(1) 胸外心脏按压法。

(2) 口对口(或鼻)人工呼吸法。

(3) 牵手人工呼吸法。

四、实训目的

通过本课的学习，使同学们了解心肺复苏的基本知识，学会判断在事故现场伤员意识、呼吸和心跳是否存在的方法，熟练掌握实施心肺复苏的操作要领，达到能在紧急救护现场采取积极措施救护伤员的安全生产的目的。

五、实训注意事项

(1) 要认真听、看动作示范,大胆体会动作要领。
(2) 要严格遵守训练场所纪律,不得大声喧哗。
(3) 要爱护训练器材,不得鲁莽操作损坏器材。
(4) 要注意保持器材卫生清洁,注意个人卫生。

任务四　常用电工工具使用

一、实训目的

(1) 能熟练地使用常用电工工具。
(2) 能熟悉电烙铁、焊料、焊剂的使用并能对不同的焊件选择合适的工具和材料。
(3) 熟练焊接基本技巧。

二、实训器材

验电器、尖嘴钳、螺钉旋具、钢丝钳、断线钳、剥线钳、电工刀、活动扳手、配电板、油石、电烙铁、松香、焊锡丝、铆钉板各 1 个,一字、十字木螺丝各 5 枚。

三、实训内容

电工常用工具是指一般专用电工都要运用的工具。常用的工具有验电器、螺钉旋具、钢丝钳、尖嘴钳、断线钳、剥线钳、电工刀、活动扳手、电烙铁等。

(一) 验电器

验电器是检验导线和电器设备是否带电的一种电工常用的检测工具。它分为低压验电器和高压验电器两种。

1. 低压验电器的结构

低压验电器又称为低压测电笔,有钢笔式和螺钉刀式两种,如图 1-4-1 所示。

(a) 钢笔式低压验电器　　(b) 螺钉刀式低压验电器

图 1-4-1　低压验电器

钢笔式低压验电器由氖管、电阻、弹簧、笔身和笔尖等组成。低压验电笔使用时,必须把笔握妥,以手指触及笔尾的金属体,使氖管小窗背光朝自己。

当用电笔测带电体时,电流经带电体、电笔、人体、地形成回路,只要带电体与大地之间的电位差超出 60V,电笔中的氖管就会发光。低压测电笔的测试范围为 60～500V。

2. 低压验电器的使用

(1) 区别电压高低

测试时可根据氖管发光的强弱来估计电压的高低。

(2) 区别相线与零线

在交流电路中,当验电器触及导线时,氖管发光即为相线,正常情况下,触及零线氖管是不会发光的。

(3) 区别直流电与交流电

交流电通过验电器时,氖管里的两个极同时发光;直流电通过验电器时,氖管里的两个极只有一个发光。

(4) 区别直流电的正负极

把验电器连接在直流电的正、负极之间,氖管中发光的一极即为直流电的负极。

(二) 螺钉旋具

螺钉旋具又称旋凿、起子或螺丝刀,它是一种紧固或拆卸螺钉的工具。

1. 螺钉旋具的式样和规格

螺钉旋具的式样和规格很多,按头部形状不同可分为一字形和十字形两种,如图 1-4-2 所示。

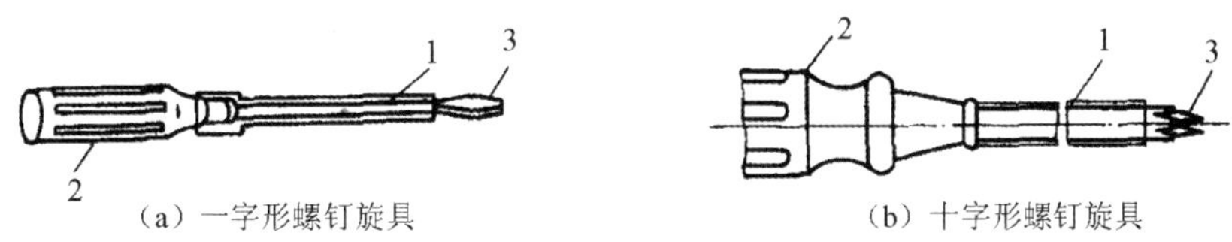

(a) 一字形螺钉旋具　(b) 十字形螺钉旋具

1-绝缘套管　2-握柄　3-头部

图 1-4-2　螺钉旋具

一字形螺钉旋具常用规格有 50mm、100mm、150mm 和 200mm 等,电工必备的是 50mm 和 150mm 两种。十字形螺钉旋具是专供紧固和拆卸十字槽的螺钉,常用的规格有四种:Ⅰ号适用于螺钉直径为 2～2.5mm,Ⅱ号适用于 3～5mm,Ⅲ号适用于 6～8mm,Ⅳ号适用于 10～12mm。

磁性旋具按握柄材料分为木质绝缘柄和塑胶绝缘柄。它的规格较齐全,分十字形和一字形。金属杆的刀口端焊有磁性金属材料,可以吸住待拧紧的螺钉,能准确定位、拧紧,使用很方便,目前使用很广泛。

2. 螺钉旋具的使用方法

(1) 大螺钉旋具的使用

大螺钉旋具一般用来紧固较大的螺钉,使用时,大拇指、食指和中指要夹住握柄的末端,这样就可防止旋具转动时滑脱。

(2) 小螺钉旋具的使用

小螺钉旋具一般用来紧固电气装置接线桩头上的小螺钉,使用时,可用手指顶住握柄的末端捻旋。

(3) 较长螺钉旋具的使用

可用右手压紧并转动握柄,左手握住螺钉旋具中间部分,以防螺钉旋具滑脱。此时左手不得放在螺钉的周围，以免螺钉旋具滑出时将手划伤。

3. 使用螺钉旋具的安全知识

(1) 电工不可使用金属杆直通柄顶的螺钉旋具，否则易造成触电事故。

(2) 使用螺钉旋具紧固和拆卸带电的螺钉时，手不得触及旋具的金属杆，以免发生触电事故。

(3) 为了避免螺钉旋具的金属杆触及皮肤或触及邻近带电体，应在金属杆上穿套绝缘管。

(三) 钢丝钳

钢丝钳有铁柄和绝缘柄两种，电工常用钢丝钳为绝缘柄，常用的规格有 150mm、175mm 和 200mm 三种。

1. 钢丝钳的构造和用途

钢丝钳由钳头和钳柄两部分组成。钳头由钳口、齿口、刀口和铡口四部分组成。其用途很多，钳口用来弯绞和钳夹导线线头；齿口用来紧固或起松螺母；刀口用来剪切、剖削软导线绝缘层；铡口用来铡切电线线芯、钢丝或铅丝等软硬金属丝。其构造及用途如图 1-4-3 所示。

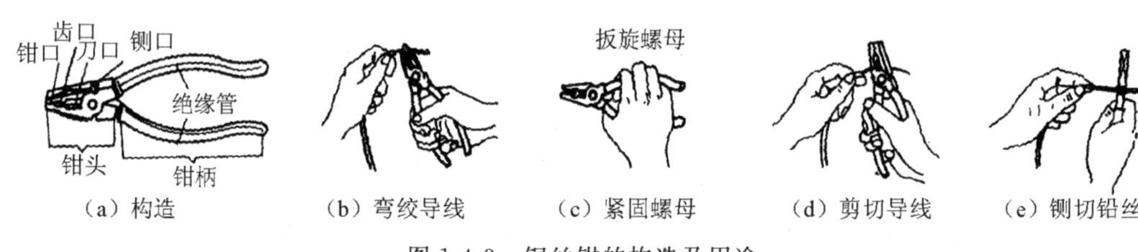

(a) 构造　(b) 弯绞导线　(c) 紧固螺母　(d) 剪切导线　(e) 铡切铅丝

图 1-4-3　钢丝钳的构造及用途

2. 使用钢丝钳的安全知识

(1) 使用前，必须检查绝缘柄的绝缘性能是否良好。如损坏，在进行带电作业时会发生触电事故。

(2) 剪切带电导线时，不得用刀口同时剪切两根相线，以免发生短路事故。

(四) 尖嘴钳

尖嘴钳的头部尖细，适用于在狭小的工作空间操作。尖嘴钳也有铁柄和绝缘柄两种，绝缘柄的耐压值为 500V，其外形如图1-4-4所示。

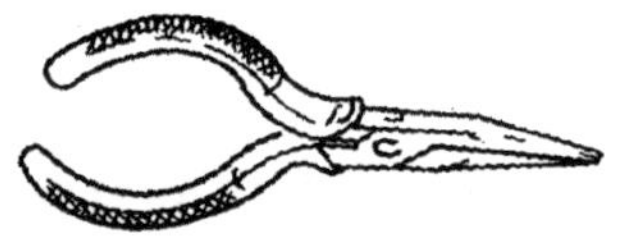

图 1-4-4　尖嘴钳

1. 尖嘴钳的用途

(1) 带有刀口的尖嘴钳能剪断细小金属丝。

(2) 尖嘴钳能夹持较小螺钉、垫圈、导线等元件。

(3) 在装接控制电路时，尖嘴钳能将单股导线弯成所需的各种形状。

2. 使用尖嘴钳的安全知识

参照“使用钢丝钳的安全知识”。

(五) 断线钳

断线钳又称斜口钳，钳柄有铁柄、管柄和绝缘柄三种。其中电工用的绝缘柄断线钳的外形如图 1-4-5 所示，绝缘柄的耐压值为 500V。断线钳专供剪断较粗的金属丝、线材及导线电缆时使用。

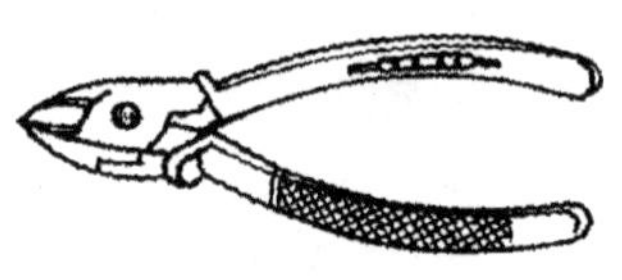

图 1-4-5　断线钳

（六）剥线钳

剥线钳是用来剖削小直径导线绝缘层的专用工具，其外形如图 1-4-6 所示。它的手柄是绝缘的，耐压值为 500V。

图 1-4-6 剥线钳

使用时，将要剖削的绝缘层长度用标尺定好后，即可把导线放入相应的刃口中（比导线直径稍大），再将钳柄握紧，导线的绝缘层即被割破，且自动弹出。

（七）电工刀

电工刀是用来剖削电线线头、切割木台缺口、削制木榫的专用工具，其外形如图 1-4-7 所示。

图 1-4-7 电工刀

1. 电工刀的使用方法

使用时，应将刀口朝外剖削。剖削导线绝缘层时，应使刀面与导线呈较小的锐角，以免割伤导线。

2. 使用电工刀的安全知识

（1）使用电工刀时，应注意避免伤手，不得传递未折进刀柄的电工刀。

（2）电工刀用毕，随时将刀身折进刀柄。

（3）电工刀刀柄无绝缘保护，不能用于带电作业，以免触电。

（八）活动扳手

1. 活动扳手的构造和规格

如图 1-4-8(a)所示，旋动蜗轮可调节扳口大小。电工常用的活动扳手有 150mm×19mm（6 英寸）、200mm×24mm（8 英寸）、250mm×30mm（10 英寸）和 300mm×36mm（12 英寸）四种规格。

2. 活动扳手的使用方法

（1）扳动大螺母时，常需较大的力矩，手应握在手柄尾处，如图 1-4-8(b)所示。

（2）扳动较小螺母时，所需力矩不大，但螺母过小易打滑，故手应握在接近扳头的地方，如图 1-4-8(c)所示。这样可随时调节蜗轮，收紧活动扳唇，防止打滑。

（3）活动扳手不可反用，以免损坏活动扳唇，也不可用钢管加长手柄来施加较大的扳拧力矩。

（4）活动扳手不得当作撬棍和手锤使用。

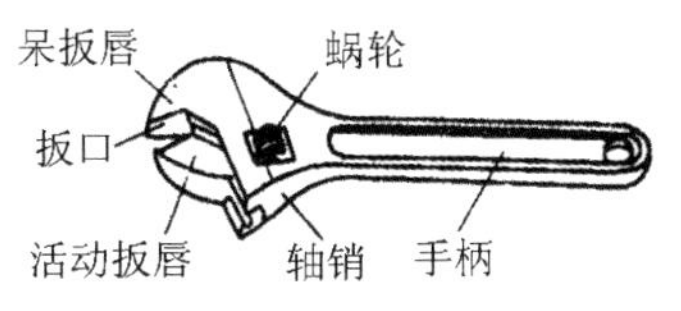

（a）活动扳手的结构

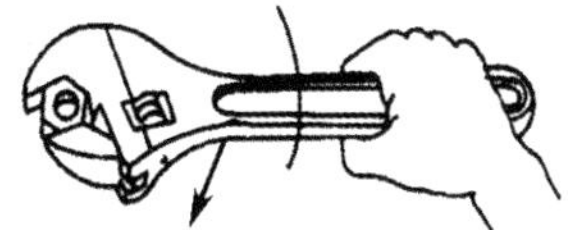

（b）扳动较大螺母时的握法

（c）扳动较小螺母时的握法

图 1-4-8 活动扳手的结构及使用

（九）电烙铁

1. 电烙铁的种类

（1）外热式电烙铁

外热式电烙铁的结构如图 1-4-9 所示，它是由烙铁头、烙铁芯、外壳、木柄、电源引线等部分组成。烙铁头安装在烙铁芯里面，所以称为外热式电烙铁。

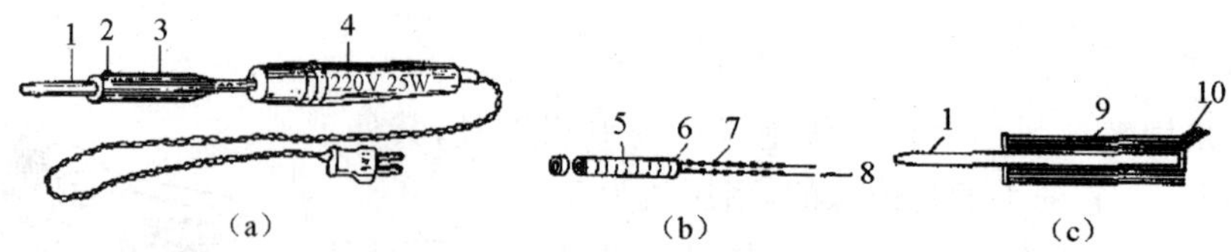

1-烙铁头 2-烙铁头固定螺丝 3-外壳 4-木柄 5-铁丝 6-云母片
7-瓷管 8-电源引线 9-电热丝 10-烙铁芯骨架

图 1-4-9 外热式电烙铁及烙铁芯结构

烙铁芯是电烙铁的关键部件，它是将电热丝平行地绕制在一根空心瓷管上，中间用云母片绝缘，并引出两根导线与 220V 交流电源连接。常用的外热式电烙铁规格有 25W、45W、75W 和 100W 等。

烙铁芯的阻值不同其功率也不相同。25W 的阻值约为 2kΩ，45W 的阻值约为 1kΩ，75W 的阻值约为 0.6kΩ，100W 的阻值约为 0.5kΩ。因此，我们可以用万用表欧姆挡初步判断电烙的好坏及功率的大小。

烙铁头是用紫铜制成的，其作用是储存热量和传导热量。烙铁的温度与烙铁头的体积、形状、长短等都有一定的关系。当烙铁头的体积比较大时，则保持温度的时间就长些。另外，为适应不同焊接物的要求，烙铁头的形状有所不同，常见的有凿式、圆斜面等。具体的形状如图 1-4-10 所示。

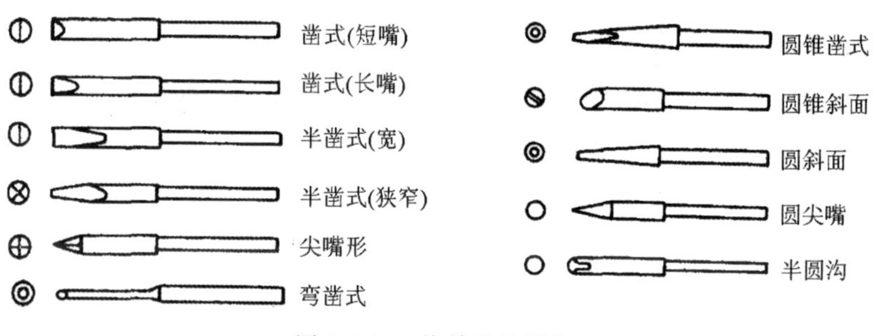

图 1-4-10 烙铁头的形状

(2) 内热式电烙铁

内热式电烙铁具有升温快、质量轻、耗电省、体积小、热效率高的特点，应用非常普遍。内热式电烙铁的外形与结构如图 1-4-11 所示。内热式电烙铁由手柄、连接杆、弹簧夹、烙铁芯、烙铁头组成。由于烙铁芯安装在烙铁头里面，因而发热快、热利用率高，故称为内热式电烙铁。

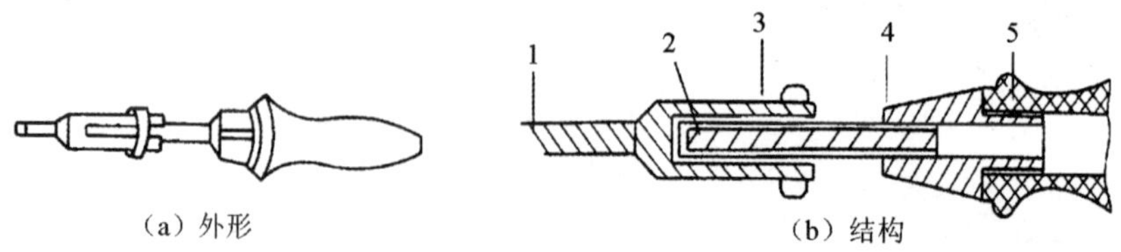

1-烙铁头 2-烙铁芯 3-弹簧夹 4-连接杆 5-手柄

图 1-4-11 内热式电烙铁外形与结构

内热式电烙铁的烙铁头后端是空心的，用于套接在连接杆上，并且用弹簧夹固定。当需要更换烙铁头时，必须先将弹簧夹退出，同时用钳子夹住烙铁头的前端，慢慢地拔出，切记不能用力过猛，以免损坏连接杆。

内热式电烙铁的烙铁芯是用比较细的镍铬电阻丝绕在瓷管上制成的，其电阻约为 2.5kΩ（功率约为 20W），烙铁的温度一般可达 350℃左右。内热式电烙铁的常用规格有 20W、25W、50W 等。由于它的热效率高，20W 内热式电烙铁就相当于 40W 左右的外热式电烙铁。

(3) 吸锡电烙铁

吸锡电烙铁是将活塞式吸锡器与电烙铁融为一体的拆焊工具。它具有使用方便、灵活、适用范围广等特点，但不足之处是每次只能对一个焊点进行拆焊。

吸锡电烙铁的使用方法是：接通电源，预热 3～5min，然后将活塞柄推下并卡住，把吸头前端对准欲拆焊的焊点，待焊锡熔化后，按下按钮，活塞便自动上升，焊锡即被吸进气筒内。另外，吸锡器配有两个以上直径不同的吸头供选择，以满足不同线径的元器件引线拆焊的需要。每次使用完毕后，要推动活塞三四次，以清除吸管内残留的焊锡，使吸头与吸管畅通，以便下次使用。

(4) 恒温电烙铁

在恒温电烙铁的烙铁头内，装有带磁铁式的温度控制器，通过控制通电时间而实现温控。电烙铁通电时，温度上升，当达到预定的温度时，因强磁体传感器达到了居里点而磁性消失，从而使磁芯触点断开，这时便停止向电烙铁供电；当温度低于强磁体传感器的居里点时，强磁体便恢复磁性，并吸动磁芯开关中的永久磁铁，使控制开关的触点接通，继续向电烙铁供电。如此循环往复，便能达到恒温的效果。恒温电烙铁的内部结构如图 1-4-12 所示。

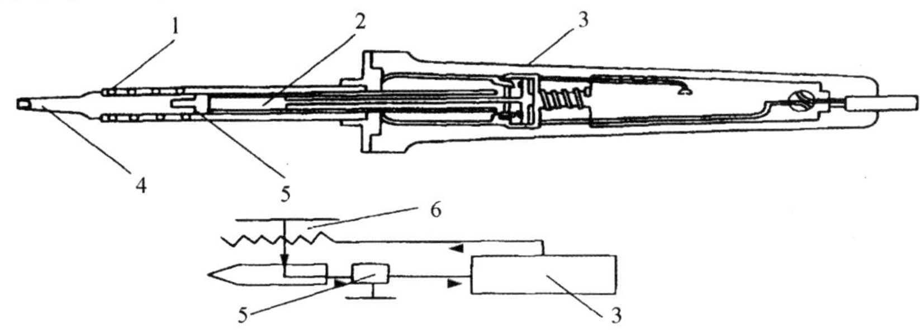

1-加热器　2-永久磁铁　3-加热器控制开关　4-烙铁头
5-温控元件　6-强力加热器

图 1-4-12　恒温电烙铁的内部结构

在焊接集成电路、晶体管元器件时，常用到恒温电烙铁，因为半导体器件的焊接温度不能太高、焊接时间不能过长，否则会因过热而损坏元器件。

2. 电烙铁的选用

选用电烙铁时，应考虑以下几个方面：

(1) 焊接集成电路、晶体管及其他受热易损元器件时，应选用 20W 内热式或 25W 外热式电烙铁。

(2) 焊接导线及同轴电缆时，应选用 45～75W 外热式电烙铁，或 50W 内热式电烙铁。

(3) 焊接较大的元器件时，如大电解电容器的引线脚、金属底盘接地焊片等，应选用 100W 以上的电烙铁。

3. 电烙铁的使用方法

(1)电烙铁的握法

电烙铁的握法有三种，如图所示 1-4-13 所示。反握法就是用五个手指把电烙铁的手柄握在掌内。此法适用于大功率电烙铁焊接散热量较大的被焊件。正握法使用的电烙铁功率也比较大，且多为弯形烙铁头。握笔法适用于小功率的电烙铁焊接散热量小的被焊件，如收音机、电视机电路的焊接和维修等。

(a) 反握法

(b) 正握法

(c) 握笔法

图 1-4-13　电烙铁的握法

(2) 新烙铁在使用前的处理

新烙铁使用前必须先给烙铁头镀上一层焊锡。具体方法是：首先把烙铁头锉成需要的形状，然后接上电源，当烙铁头温度升至能熔化锡时，将松香涂在烙铁头上，再涂上一层焊锡，直至烙铁头的刃面部挂上一层锡，即可使用。

4. 电烙铁使用注意事项

(1) 电烙铁不使用时不宜长时间通电。因为这样容易使电热丝加速氧化而烧断，同时也会使烙铁头因长时间加热而氧化，甚至被烧“死”不再“吃锡”。

(2) 电烙铁在焊接时，最好选用松香焊剂以保护烙铁头不被腐蚀。烙铁应放在烙架上轻拿轻放，不要将烙铁头上的焊锡乱甩。

(3) 更换烙铁芯时，要注意引线不要接错。因为电烙铁有三个接线柱，而其中一个是接地的，它直接与外壳相连。若接错引线可能使电烙铁外壳带电，被焊件也会带电，这样就会发生触电事故。

(4) 为延长烙铁头的使用寿命，应经常用湿布、浸水海绵擦拭烙铁头，以保持烙铁头良好的挂锡状态，并可防止残留助焊剂对烙铁头的腐蚀。

(5) 在进行焊接时，应采用松香或弱酸性助焊剂。

(6) 在焊接完毕时，烙铁头上的残留焊锡应该继续保留，以防止再次加热时出现氧化层。

(十) 焊料

焊料是指易熔的金属及其合金，作用是将被焊物连接在一起。它的熔点比被焊物的熔点低，而且易与被焊物连为一体。

焊料按组成成分划分，有锡铅焊料、银焊料、铜焊料；按使用的环境温度划分，有高温焊料和低温焊料。熔点在 450℃以上的称为硬焊料；熔点在 450℃以下的称为软焊料。在电子产品装配中，一般都选用锡铅系列焊料，也称焊锡。其形状有圆片、带状、球状、焊锡丝等。常用的是焊锡丝，在其内部夹有固体焊剂松香。焊锡丝的直径有 4mm、3mm、2mm、1.5mm 等规格。

焊锡在 180℃时便可熔化，使用 25W 外热式或 20W 内热式电烙铁便可以进行焊接。它具有一定的机械强度，导电性能、抗腐蚀性能良好，对元器件引线和其他导线的附着力强，不易脱落。因此，焊锡在焊接技术中得到了极其广泛的应用。

(十一) 焊剂

在进行焊接时，为使被焊物与焊料焊接牢靠，就必须去除焊件表面的氧化物和杂质。去除杂质通常有机械方法和化学方法，机械方法是用砂纸和刀子将氧化层去掉；化学方法则是借助于焊剂清除。焊剂同时也能防止焊件在加热过程中被氧化以及把热量从烙铁头快速地传递到被焊物上，使预热的速度加快。

松香酒精焊剂是乙醇溶解纯松香配制成 25％～30％的乙醇溶液。其优点是没有腐蚀性，具有高绝缘性能以及长期的稳定性和耐湿性。焊接后清洗容易，并形成覆盖焊点膜层，使焊点不被氧化腐蚀。因此，电子电路中的焊接通常采用松香、松香酒精焊剂。

另外，常用的焊剂还有焊锡膏和稀盐酸。焊锡膏具有较强腐蚀性，一般用在较大截面的焊接上，如电机线头的焊接。稀盐酸具有强腐蚀性，一般用在大截面的焊接上，如钢铁件的焊接。

（十二）焊接工艺

1. 焊接质量要求

焊接的质量直接影响整机产品的可靠性与质量。因此，在锡焊接时，必须做到以下几点：

(1) 焊点的机械强度要满足需要

为了保证足够的机械强度，一般采用把被焊元器件的引线端子打弯后再焊接的方法，但不能用过多的焊料堆积，以防止造成虚焊或焊点之间短路。

(2) 焊接可靠，保证导电性能良好

为保证有良好的导电性能，必须防止虚焊现象，如图 1-4-14 所示。

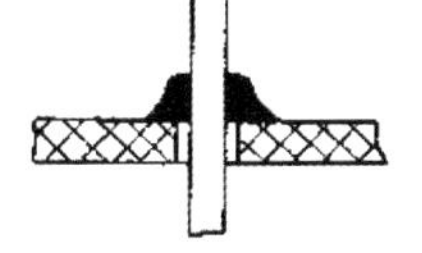

(a) 与引线浸润不好

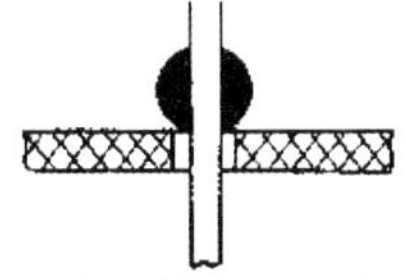

(b) 与印制板浸润不好

图 1-4-14　虚焊现象

(3) 焊点表面要光滑、清洁

为使焊点美观、光滑、整齐，不但要有熟练的焊接技能，而且要选择合适的焊料和焊剂，否则将出现表面粗糙、拉尖、棱角现象。此外，烙铁的温度也要保持适当。

2. 焊接前的准备

(1) 元器件引脚加工成型

元器件在印制板上的排列和安装方式有两种：立式和卧式。引线的跨距应根据尺寸优选 2.5 的倍数。加工时，注意不要将引线齐根弯折，并用工具保护引线的根部，以免损坏元器件。图 1-4-15 所示为几种元器件成型图例。

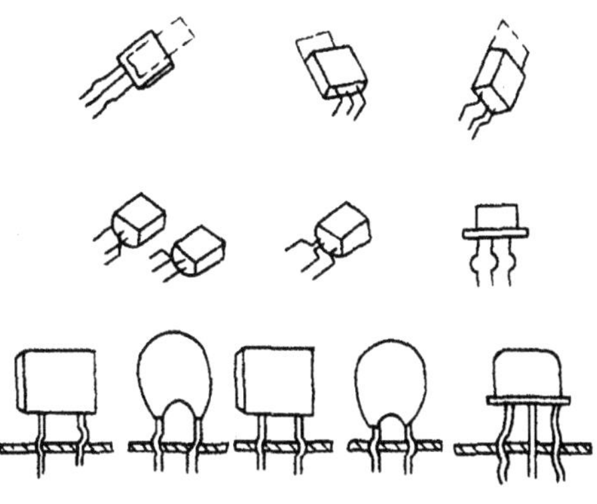

图 1-4-15　元器件成型

(2) 搪锡(镀锡)

时间一长，元器件引线表面会产生一层氧化膜影响焊接。所以，除少数有银、金镀层的引线外，大部分元器件引脚在焊接前必须先搪锡。

(3) 焊接

焊接的具体操作法如图 1-4-16 所示。对于小热容量焊件而言，整个焊接过程不宜超过 2～4s。

(a) 准备

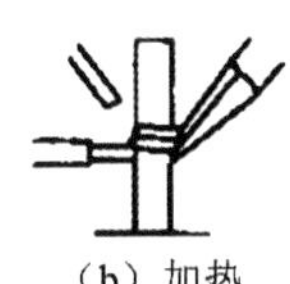

(b) 加热

(c) 送丝

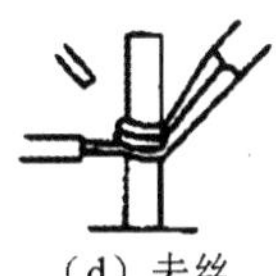

(d) 去丝

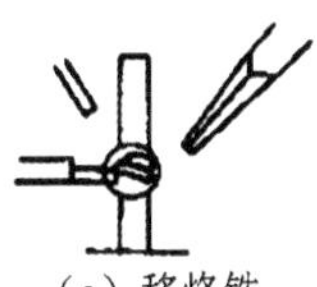

(e) 移烙铁

图 1-4-16　焊接五步操作法

3. 焊接操作手法

(1) 采用正确的加热方法

根据焊件形状选用不同的烙铁头,尽量要让烙铁头与焊件形成面接触而不是点接触或线接触,这样能大大提高效率。不要用烙铁头对焊件加力,这样会加速烙铁头的损耗和造成元件损坏。焊接的加热方法如图 1-4-17 所示。

(2) 加热要靠焊锡桥

所谓焊锡桥,就是指靠烙铁上保留少量焊锡作为加热时烙铁头与焊件之间传热的桥梁,但作为焊锡桥的锡保留量不可过多。

(a) 不正确

(b) 正确

图 1-4-17 加热方法

(3) 采用正确的撤离烙铁方式

烙铁撤离要及时,而且撤离时的角度和方向对焊点的成型有一定影响,如图 1-4-18 所示。

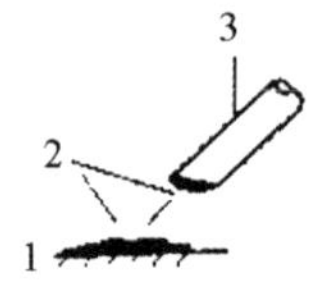

(a) 烙铁轴向45°

(b) 向上撤离拉尖

(c) 水平方向撤离,焊锡挂在烙铁上

(d) 垂直向下撤离,烙铁头吸住焊锡

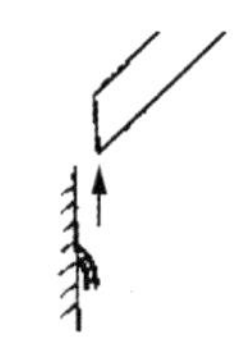
(e) 垂直向上撤离,烙铁头上不挂焊锡

1-工件 2-焊锡 3-烙铁头

图 1-4-18 烙铁撤离方向和焊锡量

(4) 焊锡量要合适

焊锡量过多容易造成焊点上焊锡堆积和短路,且浪费材料。焊锡量过少,容易焊接不牢,使焊件脱落。合适的焊锡量如图 1-4-19 所示。

另外,在焊锡凝固之前不要使焊件移动或振动,不要使用过量的焊剂和用已热的烙铁头作为焊料的运载工具。

四、实训步骤

(1) 电工刀的刃磨。

(2) 电工常用工具的使用。

(3) 烙铁钎焊练习。

①在空心铆钉板的铆钉上焊接圆点(50 个铆钉),先清除空心铆钉表面氧化层,然后在空心铆钉板各铆钉上焊上圆点。

②在空心铆钉板上焊接铜丝(50 个铆钉),清除空心铆钉表面氧化层,清除铜丝表面氧化层,然后镀锡并在空心铆钉上(直插、弯插)焊接(见图 1-4-19)。

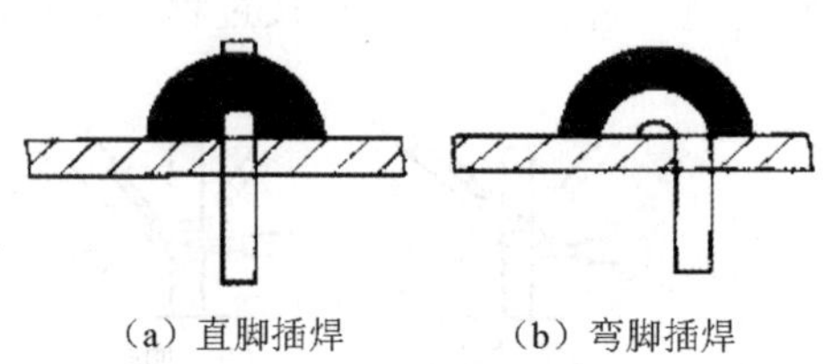
(a) 直脚插焊 (b) 弯脚插焊

图 1-4-19 直插、弯插焊接

(4) 完成实训报告。

五、注意事项

(1) 电工工具的绝缘层不可损坏。
(2) 验电器使用前,必须验证验电器可正常工作。
(3) 电工刀使用时刀口必须向外,用力适当。
(4) 螺丝刀使用时,用力适当,以防刀口滑出伤手,且不能当作撬棒使用。
(5) 焊点要圆润、光滑,焊锡适中,没有虚焊。
(6) 剖剥导线绝缘层时,不要损伤线芯。导线连接方法要正确、牢靠。
(7) 电烙铁要放置在烙铁架上,防止烧热的电烙铁烧坏其电源线的绝缘层。

六、成绩评定

成绩评定结果可填入表 1-4-1 中。

表 1-4-1 成绩评定结果

项目内容	配分	评分标准		扣分	得分
铆钉板上焊接圆点	30 分	虚焊、焊点毛糙,每点扣 1 分			
铆钉板上焊接铜丝	30 分	虚焊、焊点毛糙,每点扣 1 分			
导线与导线的焊接	30 分	虚焊、焊点毛糙,每点扣 1 分;导线连接不正确,每处扣 3 分			
安全文明生产	10 分	每一项不合格,扣 5～10 分			
练习时间	—	共 60 分钟,每超时 5 分钟扣 5 分,超时不足 5 分钟按 5 分钟计			
合计	100 分	开始时间:	结束时间:		

注:总分 100 分,安全文明生产可以实施倒扣分,其他项目扣分不超过其配分。

任务五 导线连接及恢复绝缘

一、实训目的

(1) 掌握常用导线的连接方法。
(2) 掌握绝缘的剖削及恢复方法。

二、实训器材

尖嘴钳、钢丝钳、断线钳、剥线钳、螺钉旋具、电工刀、单股铜芯导线、7 股铜芯导线、黑胶布、单芯和多股导线若干等。

三、实训内容

(一) 常用导电材料

导电材料大部分是金属,其特点是导电性好,有一定的机械强度,不易氧化和腐蚀,容易加工和焊接。金属中导电性能最佳的是银，其次是铜、铝。由于银的价格比较昂贵，因此只在比较特殊的场合才使用，一般都将铜和铝作为主要的导电金属材料。

常用金属材料的电阻率及电阻温度系数如表 1-5-1 所示。

表 1-5-1 常用金属材料的电阻率及电阻温度系数

材料名称	20℃时的电阻率/Ω·m	电阻温度系数/$℃^{-1}$
银	1.6×10^{-8}	0.00361
铜	1.72×10^{-8}	0.0041
金	2.2×10^{-8}	0.00365
铝	2.9×10^{-8}	0.00423
钼	4.77×10^{-8}	0.00478
钨	5.3×10^{-8}	0.005
铁	9.78×10^{-8}	0.00625
康铜(铜 54%,镍 46%)	50×10^{-8}	0.00004

（二）铜、铝和电线电缆

1. 铜

铜的导电性能好，在常温时有足够的机械强度，具有良好的延展性，便于加工，化学性能稳定，不易氧化和腐蚀，容易焊接，因此广泛用于制造变压器、电机和各种电器的线圈。

2. 铝

铝的导电系数虽比铜大，但它密度小。同样长度的两根导线，若要求它们的电阻值一样，则铝导线的截面积约是铜导线的 1.69 倍。铝资源较丰富，价格便宜，在铜材紧缺时，铝材是最好的代用品。铝导线的焊接比较困难，必须采取特殊的焊接工艺。

3. 裸线

裸线只有导体部分，没有绝缘和护层结构。按产品的形状和结构不同，裸线分为圆单线、软接线、型线和裸绞线四种。

4. 电线电缆

(1) 电线的型号

$$\square\quad\square\quad\square(\mathrm{V})-n\times d$$

第一个“□”：用途，B——布线用，R——软线；

第二个“□”：导体材质，L——铝，T——铜(通常不标)；

第三个“□”：绝缘材质，X——橡皮绝缘，V——聚氯乙烯绝缘。

(V)：护套线；

n：导线根数；

d：导线的截面积(mm^2)。

常用导线的型号如表 1-5-2 所示。

表 1-5-2　常用导线的型号

型号	名称	型号	名称
BX	铜芯橡皮线	RVS	铜芯塑料绞型软线
BV	铜芯塑料线	BVR	铜芯塑料平型线
BLX	铝芯橡皮线	BLXF	铝芯氯丁橡皮线
BLV	铝芯塑料线	BXF	铜芯氯丁橡皮线
BBLX	铝芯玻璃丝橡皮线	LJ	裸铝绞线
BVV	铜芯塑料护套线	TMY	铜母线

(2) 电缆的型号

□　□　□　□　□　□ $-d\times e+f\times g$

第一个“□”：用途；

第二个“□”：绝缘材料；

第三个“□”：导体材料；

第四个“□”：内护层；

第五个“□”：外护层；

第六个“□”：电压等级(kV)；

d：电缆相线芯数；

e：相线线芯截面积(mm^2)；

f：PEN 线芯数；

g：PEN 线芯截面积(mm^2)。

常用电缆的型号如表 1-5-3 所示。

表 1-5-3　常用电缆的型号

型号	名称		用途
YHQ	橡套电缆	软型橡套电缆	交流 250V 以下移动式用电装置,能受较小机械力
YZH		中型橡套电缆	交流 500V 以下移动式用电装置,能受相当的机械外力
YHC		重型橡套电缆	交流 250V 以下移动式用电装置,能受较大机械力
铜芯 VV29	电力电缆	聚氯乙烯绝缘	敷设于地下,能承受机械外力作用,但不能承受大的拉力
铝芯 VLV29		聚氯乙烯护套铠装电缆	
铜芯 KVV	控制电缆	聚氯乙烯绝缘	敷设于室内、沟内或支架上
铝芯 KLV		聚氯乙烯护套铠装电缆	

（三）常用绝缘材料

绝缘材料的主要作用是隔离带电的或不同电位的导体，使电流能按预定的方向流动。绝缘材料大部分是有机材料，其耐热性、机械强度和寿命比金属材料低得多。

电工绝缘材料分气体、液体和固体三大类。固体绝缘材料的主要性能指标有以下几项：①击穿强度；②绝缘电阻；③耐热性；④黏度、固体含量、酸值、干燥时间及胶化时间；⑤机械强度。

（四）导线的选择

1. 选择导线截面的原则

(1) 需满足承受最低机械强度的要求，如承受导线的自重及风、雪、冰封等而不至于断线，可按机械强度选择导线截面积(见表 1-5-4)。

表 1-5-4　按机械强度选择导线截面

	铜芯线/mm^2		铝芯线/mm^2	
导线类型	绝缘线	裸线	绝缘线	裸线
室内	1	—	2.5	—
室外	6	10	10	25(高压 35)

(2) 负载的计算负荷电流不大于导线长期连续负荷允许载流量。各种导线的安全载流量可以查阅相关资料。

(3) 导线上的电压损失不超过规定的允许电压降。一般，公用电网电压降不得超过额定电压的 5%。

2. 负载的计算负荷电流

$$I_{js}=K_x\times\frac{\sum P}{\sqrt{3}U_L\cos\varphi}\qquad I_{js}=K_x\times\frac{\sum P}{220\cos\varphi}$$

式中：K_x 为需要系数，因为许多负载不一定同时使用，也不一定同时满载，还有电动机等负载的效率 η 不等于 1，所以需要打个折扣，称为需要系数，也称为同时系数；U_L 为线电压 380V，是指三相供电的情况；$\sum P$ 为各负载总和；$\cos\varphi$ 为负载平均功率因数。

【例】 有一建筑工地，负载总功率 176kW，平均功率因数 $\cos\varphi=0.8$，需要系数 $K_x=0.5$，电源电压 380V，用 BX 导线架空敷设。请用安全载流量求导线的截面积。

【解】

$$I_{js}=K_x\times\frac{\sum P}{\sqrt{3}U_L\cos\varphi}=0.5\times\frac{176\times1000}{\sqrt{3}\times380\times0.8}=167(\text{A})$$

查表可得：50mm^2 的 BX 导线在架空条件下的安全载流量为 201A，大于负载计算负荷电流 167A，故可以选用 50mm^2 的 BX 导线。

（五）导线的连接

导线连接是电工作业的一项基本技能，也是一项十分重要的工序。导线连接的质量直接关系到整个电路能否长期、安全、可靠地运行。对导线连接的基本要求是：连接牢固可靠，接头电阻小，机械强度高，耐腐蚀，耐氧化，电气绝缘性能好。

需连接的导线种类和连接形式不同，其连接的方法也不同。常用的导线连接方法有压紧连接、导线与接线桩的连接、焊接、绞合连接等。连接前，应小心地剥除导线连接部位的绝缘层，注意不可损伤芯线，如图 1-5-1 所示。

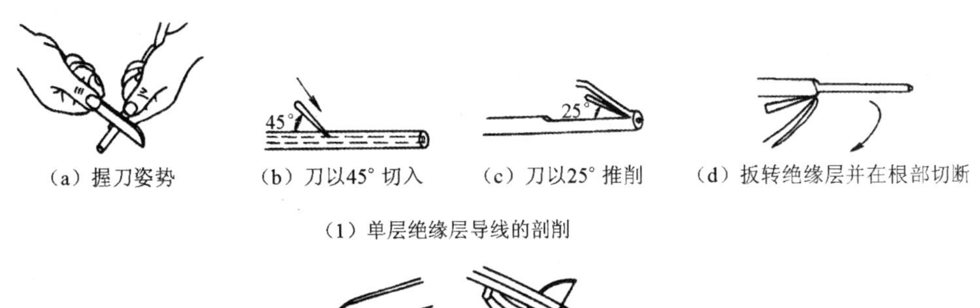

（a）握刀姿势　（b）刀以45°切入　（c）刀以25°推削　（d）扳转绝缘层并在根部切断

（1）单层绝缘层导线的剖削

（2）多层绝缘层导线的剖削

图 1-5-1　导线的剖削

1．导线与导线的压紧连接方法

导线与导线的压紧连接方法，如图 1-5-2 所示。

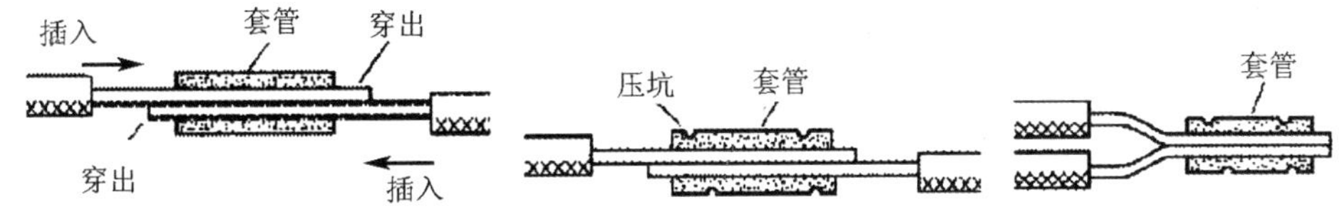

图 1-5-2　导线与导线的压紧连接方法

2．导线与接线桩的连接方法

导线与接线桩的连接方法，如图 1-5-3 所示。

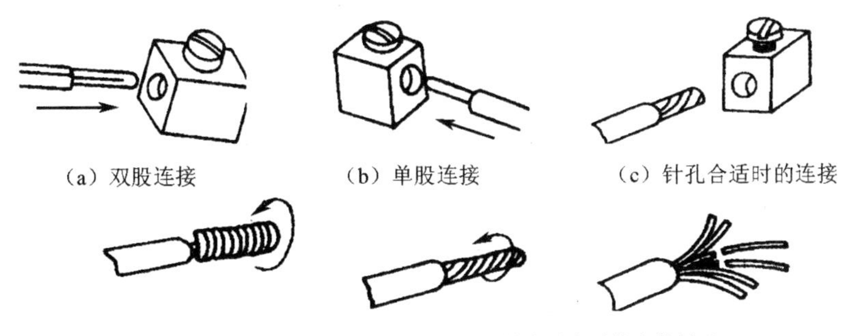
（a）双股连接　（b）单股连接　（c）针孔合适时的连接

（d）针孔过小时线头的处理　（e）针孔过大时线头的处理

（1）导线与针孔式接线桩的连接

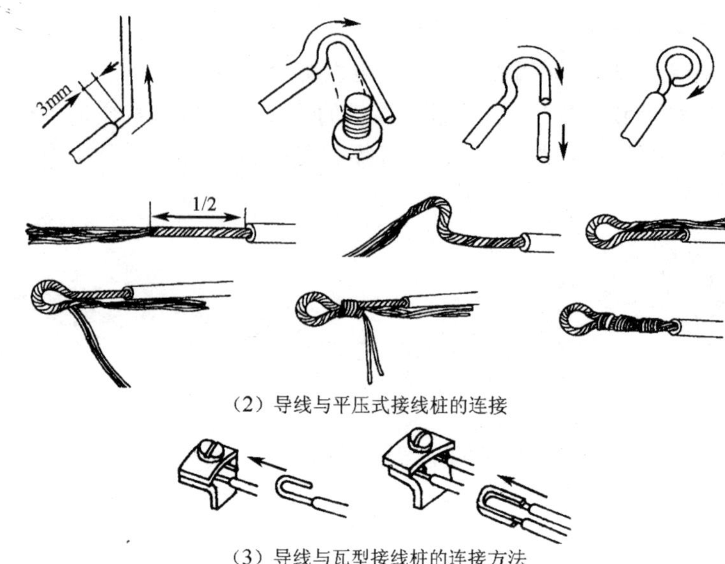

（2）导线与平压式接线桩的连接

（3）导线与瓦型接线桩的连接方法

图 1-5-3　导线与接线桩的连接方法

3. 导线与导线的焊接方法

导线与导线的焊接方法，如图 1-5-4 所示。

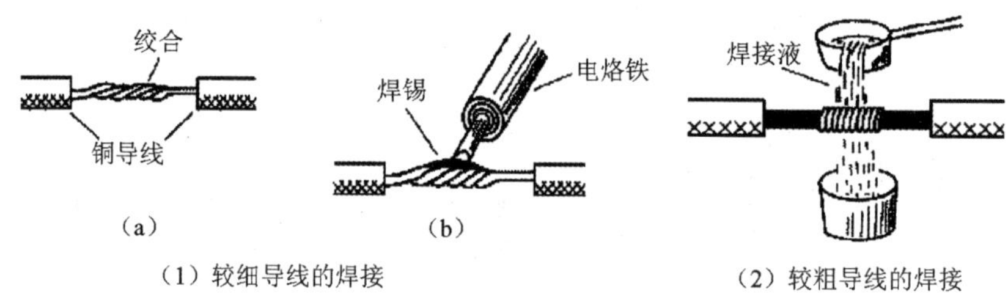

（1）较细导线的焊接　　（2）较粗导线的焊接

图 1-5-4　导线与导线的焊接方法

4. 导线与导线的连接方法

(1) 单股铜芯导线的直线连接方法

单股铜芯导线的直线连接方法，如图 1-5-5 所示。

①绝缘层的剖削长度为芯线直径的 70 倍左右，去掉芯线表面的氧化层；

②把两线头的芯线成 X 形相交，互绞 2～3 圈；

③然后扳直两线头；

④分别将每个线头在芯线上紧贴并缠绕 6～8 圈，剪去多余线头，钳平切口毛刺。

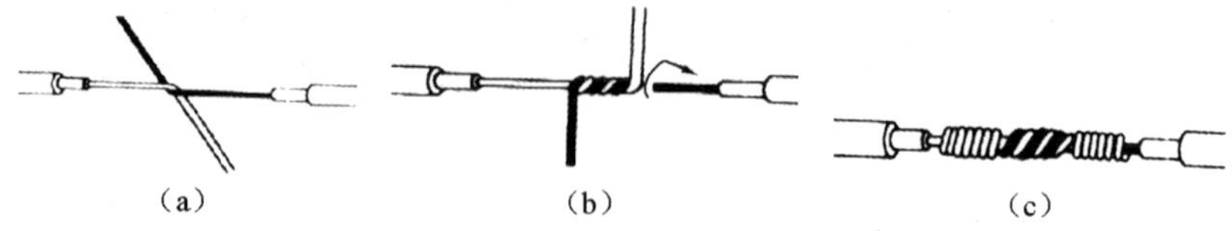

图 1-5-5　单股铜芯导线的直线连接方法

(2) 单股铜芯导线的分支连接方法

单股铜芯导线的分支连接方法，如图 1-5-6 所示。

①将分支芯线的线头与干线芯线十字相交，使支路芯线根部留出3～5mm，然后按顺时针方向缠绕支路芯线。缠绕6～8圈后，剪去多余线头，钳平切口毛刺。该连接方法适用于支线承受一定拉力的需要。

②支线不承受拉力的连接方法如图1-5-6(b)所示。紧密地缠绕6～8圈后，剪去多余线头，钳平切口毛刺。

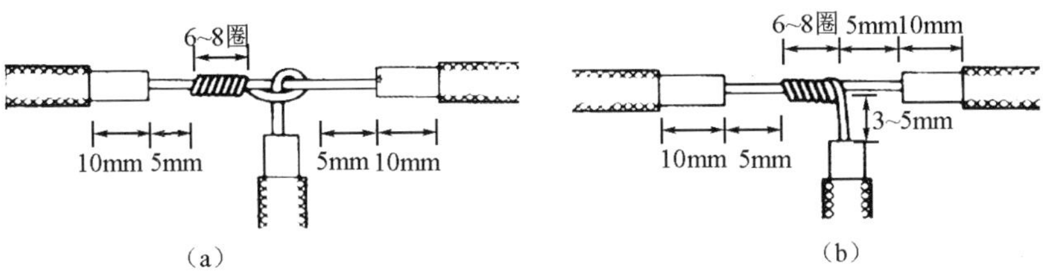

图1-5-6 单股铜芯导线的分支连接方法

(3) 7股铜芯导线的直线连接方法

7股铜芯导线的直线连接方法，如图1-5-7所示。

①先将靠近绝缘层1/3的芯线绞紧，然后把余下的2/3芯线线头按图示分散成伞状；

②把两伞状线端隔根对插，必须相对插到底；

③捏平并理直插入后的两侧所有芯线，使每股芯线的间隔均匀；

④把一侧7股芯线按相邻的原则分成2、2、3股三组，把第一组2股芯线在中间交叉处扳起成90°；

⑤按顺时针方向(向外)紧缠2圈后将余线折回90°复原；

⑥接着把同一侧的第二组2股芯线扳起成90°；

⑦按第5步的方法紧缠2圈后将余线折回90°复原；

⑧将同一侧的最后一组3股芯线按上述方法紧缠3圈后将所有余线剪去并钳平切口；

⑨用同样的方法再缠绕另一端芯线。

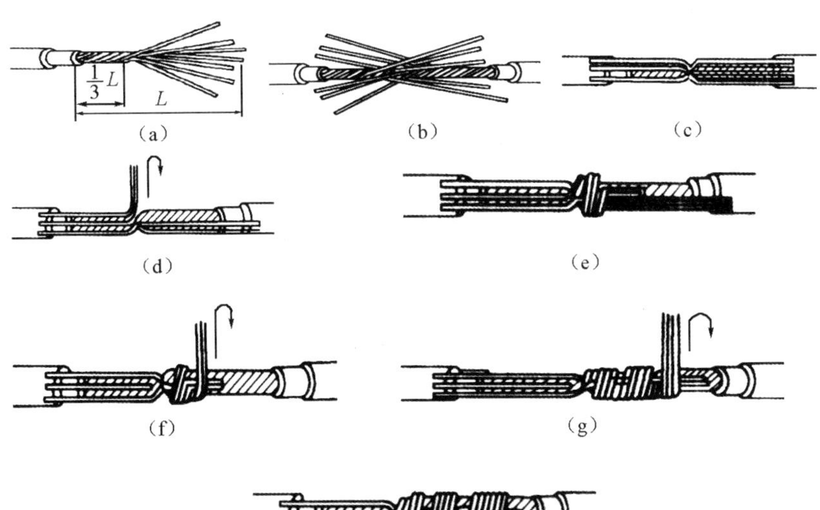

图1-5-7 7股铜芯导线的直线连接

(4) 7股铜芯导线的T字形分支连接方法

7股铜芯导线的T字形分支连接方法,如图1-5-8所示。

①按图示去除干线绝缘层,用螺丝刀把干线从中间撬开分成较均匀的两组(如7股导线分成3股和4股),将分支芯线去除绝缘层后近根部1/8段绞紧,剩余7/8的芯线散开并拉直分成3股和4股两组,把支线4股芯线的一组插入干线芯线中间撬开处,而把3股芯线的一组放在干线芯线的前面。

②将3股线芯的一组在干线右侧按顺时针方向(向内)紧紧缠绕3～4圈,剪去余线并钳平切口。

③接着将插入干线撬开处的4股支线按逆时针(向外)紧紧缠绕3～4圈,剪去余线并钳平切口。

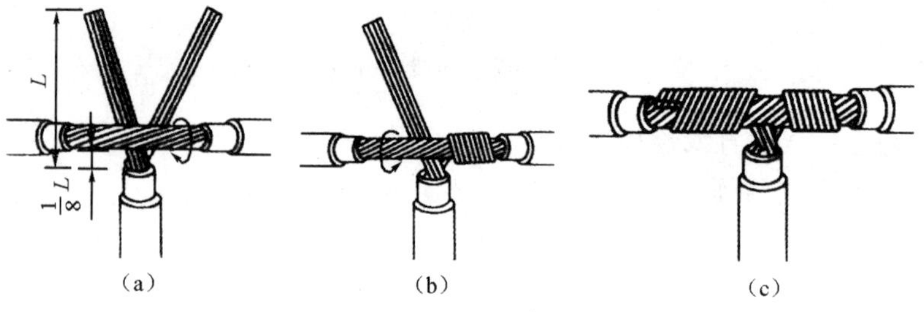

图1-5-8　7股铜芯导线的T字形分支连接

(5) 导线绝缘层的恢复

导线的绝缘层破损后必须恢复绝缘,导线连接后,也需要恢复绝缘。恢复后的绝缘强度不应低于原来的绝缘强度。通常用黄蜡带、涤纶薄膜带和电工黑胶布作为恢复绝缘层的材料,黄蜡带和黑胶布以宽为20mm较为适中,包扎也方便。

绝缘带的包扎方法如图1-5-9所示。

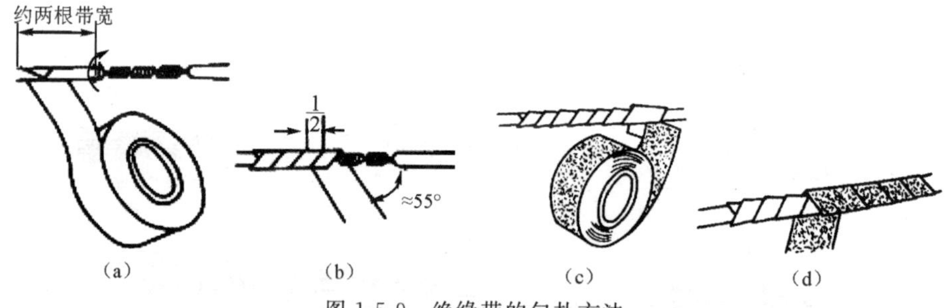

图1-5-9　绝缘带的包扎方法

将黄蜡带从导线左边完整的绝缘层上开始包扎,包扎两根带宽后可进入无绝缘层的芯线部分。包扎时,黄蜡带与导线保持约55°的倾斜角,每圈压叠带宽1/2;包扎一层黄蜡带后,将黑胶布接在黄蜡带的尾端,按另一斜叠方向包扎一层黑胶布,每圈也压叠带宽1/2。

四、实训步骤

(1) 单股铜芯导线的直线连接。

(2) 单股铜芯导线的分支连接。

(3) 7股导线的直线连接。

(4) 7股导线的分支连接。

(5) 导线绝缘层的恢复。
(6) 完成实训报告。

五、实训注意事项

(1) 使用电工刀、螺丝刀时用力适当,刀口朝外,以防失控伤手。
(2) 用钢丝钳、尖嘴钳等钳平导线时要用力均匀,以免损伤芯线。
(3) 要爱护训练器材,不得鲁莽操作损坏器材。
(4) 导线的绝缘恢复要严密,不可露出芯线。

六、成绩评定

成绩评定结果可填入表 1-5-5 中。

表 1-5-5 成绩评定结果

项目内容	配分	评分标准		扣分	得分
绝缘导线剖削	20 分	导线剖削方法不正确,扣 5 分 导线损伤：刀伤,每根扣 5 分;钳伤,每根扣 3 分			
导线直线连接	50 分	导线缠绕方法不正确,扣 20 分 导线缠绕不整齐,扣 10 分 导线连接不平直、不紧密、不圆：接头不平直,扣 10 分;接头扁平,扣 10 分;用手按压松散,扣 15 分			
恢复绝缘层	20 分	包扎方法不正确,扣 10 分 渗水试验：渗入内层绝缘,扣 15 分; 渗入铜线,扣 20 分			
安全文明生产	10 分	发生安全事故,扣 10 分 工具和材料摆放零乱,扣 5 分			
练习时间	—	共 45 分钟,每超时 5 分钟扣 5 分,超时不足 5 分钟按 5 分钟计			
合计	100 分	开始时间：	结束时间：		

注：总分 100 分,安全文明生产可以实施倒扣分,其他项目扣分不超过其配分。

任务六 三相笼型异步电动机的检修

一、实训目的

(1) 掌握万用表、摇表、钳形表、单臂电桥、双臂电桥的使用方法。
(2) 熟练读出被测量的大小。
(3) 掌握小型三相异步电动机结构,能独立拆装小型电动机。
(4) 能独立检测三相异步电动机性能的好坏。

二、实训器材

电工常用工具、万用表、摇表、钳形表、单臂电桥、双臂电桥、干电池、电动机等。

三、实训内容

（一）三相异步电动机的型号与结构

1. 三相异步电动机的型号

三相异步电动机具有结构简单、价格低廉、坚固耐用、检修与维修方便等优点，在工农业生产中获得了广泛的应用。

Y 系列三相异步电动机是 20 世纪 80 年代，我国生产的最先进的三相异步电动机。它采用 B 级绝缘，功率等级比 JO2 系列同机座号电动机升高一级，效率比 JO2 系列平均提高 41％，堵转转矩比 JO2 系列提高 33％，噪声比 JO2 系列平均降低了 5～10dB，质量比 JO2 系列平均轻了 12％；但其功率因数比 JO2 系列略有降低。

Y 系列电动机功率等级、技术条件、机座安装尺寸、接线序号与国际电工委员会（IEC）标准相同，这样有利于出口及进口设备的国产化。其型号表示方法为：

JO2 系列电动机型号标注：

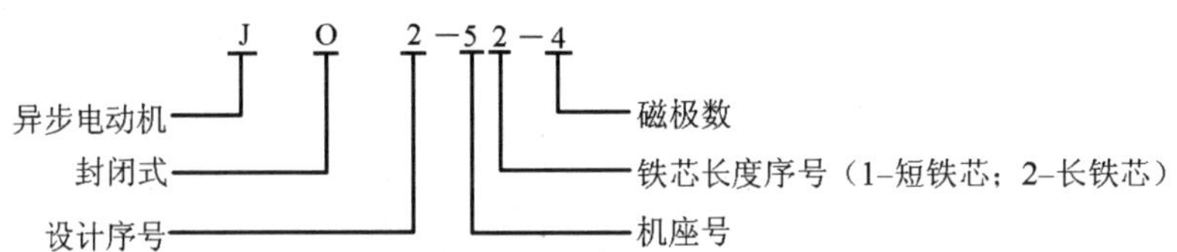

2. 三相笼型异步电动机的结构

三相笼型异步电动机的结构如图 1-6-1 所示。

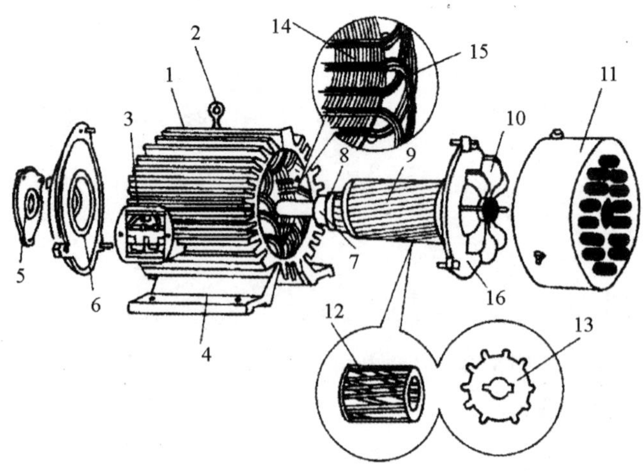

1-散热筋　2-吊环　3-接线盒　4-机座　5-前轴承外盖　6-前端盖　7-前轴承　8-前轴承内盖　9-转子　10-风叶　11-风罩　12-笼型转子绕组　13-转子铁芯　14-定子铁芯　15-定子绕组　16-后端盖

图 1-6-1　三相笼型异步电动机的结构

（二）三相异步电动机的安装

1. 三相异步电动机的选配

合理选择电动机是正确使用电动机的前提。因电动机使用环境、负载情况各不相同，所以在选择电动机时要进行全面考虑。

(1) 根据电源种类，电压、频率的高低来选择。电动机工作电压的选定，应以不增加启动设备的投资为原则。

(2) 根据电动机的工作环境选择防护形式。

(3) 根据负载的匹配情况选择电动机的功率。

(4) 根据电动机启动情况来选择电动机。

(5) 根据负载情况来选择电动机的转速。

(6) 在具有同样功率的情况下，要优先选用电流小的电动机。

2. 电动机的控制保护装置

电动机的控制保护装置有如下要求：

(1) 每台电动机必须装备一套能单独进行操作控制的控制开关，以及单独进行短路与过载保护的保护电器。

(2) 使用的开关设备应结构完整、功能齐全，有可靠的接通和分断电动机工作电流以及切断故障电流的能力。

(3) 开关和保护装置的标牌应参数清晰，分断标志明显，安全可靠。

3. 开关设备的选装要求

(1) 功率在 0.5kW 以下的电动机，允许用插座作为电源通断的直接控制。如进行频繁操作的，则应在插座板上安装熔断器。

(2) 功率在 3kW 以下的电动机，可采用 HK 系列开启式负荷开关，开关的额定电流必须大于电动机额定电流的 2.5 倍，且必须在开关内安装熔体的位置上用铜丝接通，并在开关后一级再装上一道熔断器，作为严重过载和短路保护。

(3) 功率在 3kW 以上的电动机，可选用 HZ 系列组合开关、DZ5 系列小型低压断路器、CJ10 型或 CJ20 型交流接触器等。各类开关的选用可查阅有关电工手册。

(4) 功率较大的电动机，启动电流较大。为了不影响其他电气设备的正常运行和电路安全，必须加装启动设备，减小启动电流。常用的启动设备有 Y-△启动器和自耦补偿启动器等。

4. 电动机操作开关及熔断器的安装

开关必须安装在既便于监视电动机和设备运行情况，又便于操作且不易被人触碰而造成误动作的位置，通常装在电动机的右侧。

(1) 小型电动机在不频繁操作、不换向、不变速时，可只用一个开关。

(2) 开关需频繁操作时，或需进行换向和变速操作的，则需装两个开关。前一级开关用来控制电源，称为控制开关，常用铁壳开关、低压断路器和转换开关。后一级开关用来直接操作电动机，称为操作开关。如采用启动器，则启动器就是操作开关。

(3) 凡无明显分断点的开关，如电磁启动器，必须装两个开关，即在前一级装一个有明显分断点的开关，如刀开关、组合开关等作为控制开关。凡容易产生误动作的开关，如手柄倒顺开关、按钮等,也必须在前一级加装控制开关,以防开关误动作而造成事故。

(4)熔断器安装时,熔断器必须与开关装在同一控制板上或同一控制箱内。凡作为保护用的熔断器,必须装在控制开关的后级和操作开关(包括启动开关)的前级。

(5)用低压断路器做控制开关时,应在低压断路器的前一级加装一道熔断器做双重保护。当热脱扣器失灵时,能由熔断器起保护作用,同时可兼做隔离开关之用,以便维修时切断电源。

(6)采用倒顺开关和电磁启动器操作时,前级用分断点明显的组合开关做控制开关(一般机床的电气控制常用这种形式),必须在两级开关之间安装熔断器。

(7)三相回路中分别安装的熔丝的规格、型号应相同,并应串联在三根相线上。

(8)安装电压表和电流表时,对于大中型和要求较高的电动机,为了便于监控,按如图1-6-2所示的方法安装。电压表通常只装一个,通过换相开关进行换相测量,电压表的量程为400V。要求较高的应装三个电流表,各相都串接电流表;一般要求的可在第二相串接一个电流表,电流表的量程应大于电动机额定电流的2～3倍,以保证启动电流的通过。电动机额定电流较大时,通常采用互感器进行测量,电流互感器的规格同样要大于电动机额定电流的2～3倍,配用电流互感器的电流表量程一般为5A。电流互感器与电流表的接线方法如图1-6-3所示。电动机接线盒内有一块接线排,三相绕组的六个线头按如图1-6-4所示的规则分上下两排排列。在电网电压既定的条件下,根据电动机铭牌的额定电压可按图1-6-4所示进行接线。如电动机出现反转,把任意两根电源线的线头对换位置即可。

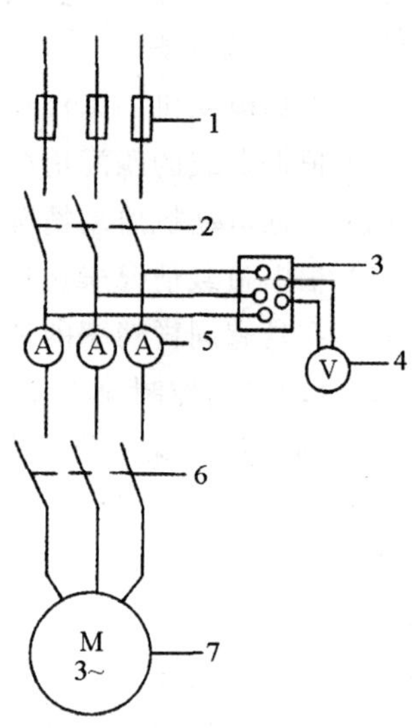

1-隔离熔断器　2-控制开关
3-电压表换相开关　4-电压表
5-电流表　6-操作开关　7-电动机

图1-6-2　电流表和电压表的接线

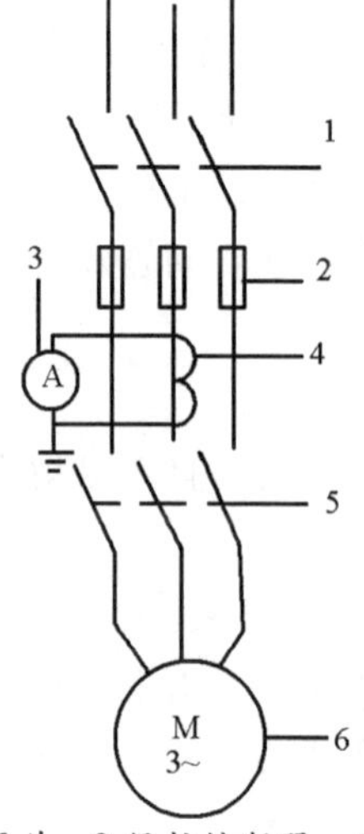

1-控制开关　2-保护熔断器　3-电流表
4-电流互感器　5-操作开关　6-电动机

图1-6-3　电流互感器与电流表配用接线

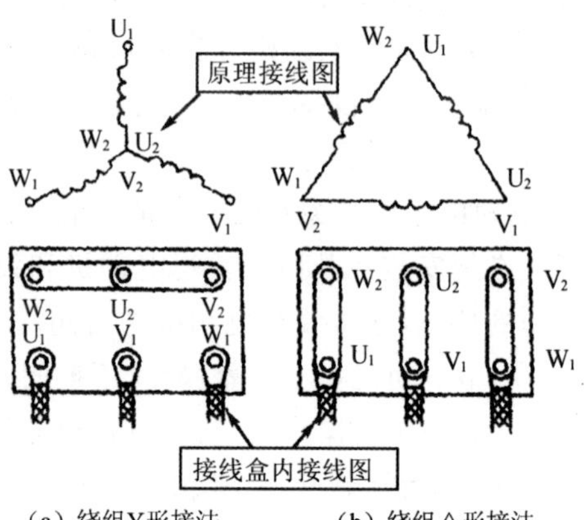

图1-6-4　电动机接线排

(三) 三相异步电动机的运行与维护

电动机运行规程与注意事项如下：

(1) 电动机启动前应先检查是否有电，电压是否正常，各启动装置有无损坏，触头是否良好，各传动装置的连接是否牢固，电动机转子和负载转轴的转动是否灵活。同时，搬开电动机周围的杂物，并清除机座表面的灰尘、油垢等。

(2) 同一电路上的电动机不应同时启动，应从大到小逐一启动，避免因启动电流大，电压降低而造成开关设备跳闸。合闸时，应先合控制开关，再合操作开关；断闸时，应先断操作开关，再断控制开关，切不可相反操作。更不允许只断操作开关，而不断控制开关。

(3) 接通电源后电动机不转，应立即切断电源，切不能迟疑等待，更不能带电检查电动机故障，否则将会烧毁电动机和发生危险。电动机运行时，出现异常声响、异味，或出现过热、颤动、熔体经常熔断、导线连接处有火花等异常现象时，应立即拉闸、停电查找原因。

(4) 经常查看电动机温度、电流、电压等是否正常，随时了解电动机是否有过热、过载等现象。

(5) 经常查看电动机的传动装置运转是否正常，带动、传动齿轮和联轴器是否跳动，轴承有无磨损，润滑状况是否良好。采用油环润滑时，轴承中的油环是否旋转，油环是否沾着油。

(6) 对于绕线转子异步电动机，还应检查滑环上有无火花。

(四) 三相笼型异步电动机的拆卸与装配

电动机在使用中因检查、维护等原因，需经常拆卸与装配。只有掌握正确的拆卸与装配技术，才能保证电动机的修理质量。

1. 三相笼型异步电动机的拆卸

(1) 拆卸前的准备工作

①准备好拆卸场地及拆卸电动机的专用工具，如图 1-6-5 所示。

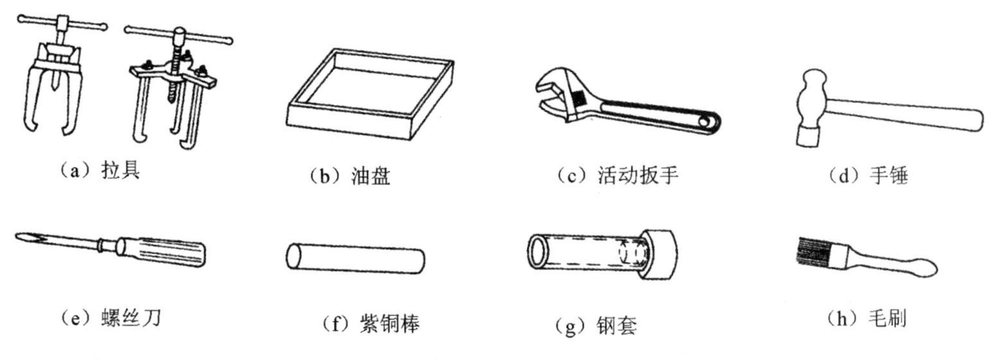

(a) 拉具　(b) 油盘　(c) 活动扳手　(d) 手锤

(e) 螺丝刀　(f) 紫铜棒　(g) 钢套　(h) 毛刷

图 1-6-5　电动机的拆卸工具

②做好记录或标记。三相异步电动机定子绕组的出线端标志如表 1-6-1 所示。在线头、端盖、刷握等处做好标记；记录好联轴器与端盖之间的距离及电刷装置把手的行程(指绕线转子异步电动机)。

表 1-6-1　三相异步电动机定子绕组的出线端标志

定子绕组相序	一般代号		1965 年国家标准		1980 年国家标准	
	首端	尾端	首端	尾端	首端	尾端
第一相	A	X	D_1	D_4	U_1	U_2
第二相	B	Y	D_2	D_5	V_1	V_2
第三相	C	Z	D_3	D_6	W_1	W_2

(2) 电动机的拆卸步骤

①切断电源,拆卸电动机与电源的连接线,并对电源线头做好绝缘处理。

②卸下皮带,卸下地脚螺栓,将各螺母、垫片等小零件用一个小盒装好,以免丢失。

③卸下带轮或联轴器。

④卸下前轴承外盖和端盖(绕线转子电动机要先提起,并拆除电刷、电刷架及引出线)。

⑤卸下风罩和风扇。

⑥卸下后轴承外盖和后端盖。

⑦抽出或吊出转子(对于绕线转子电动机,注意不要损伤滑环面和刷架)。

对于配合较紧的新的小型异步电动机,为了防止损坏电动机表面的油漆和端盖,可按如图 1-6-6 所示的顺序进行拆卸。

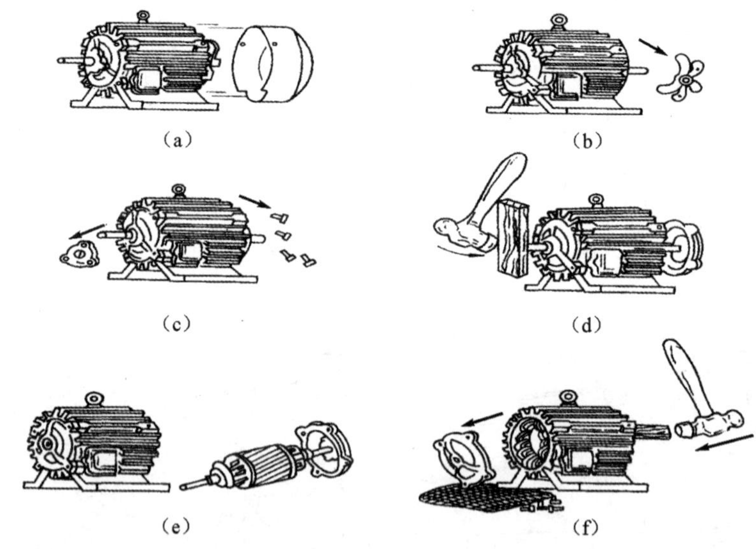

(a)　(b)　(c)　(d)　(e)　(f)

图 1-6-6　配合较紧的电动机的拆卸步骤

2. 三相笼型异步电动机的装配步骤

电动机的装配步骤与拆卸步骤相反。

(五) 三相笼型异步电动机的检测

1. 用万用表测量三相绕组冷态直流电阻

万用表是一种多用途的电工仪表,型号较多,一般可以测量交、直流电压,直流电流和电阻,有的万用表还可以测电感、电容、交流电流等。万用表的形式有很多,使用方法虽不完全相同,但基本原理是一样的。

(1) 万用表的使用方法

如图 1-6-7 所示为 MF30 型万用表的面板图，以此为例说明其使用方法。

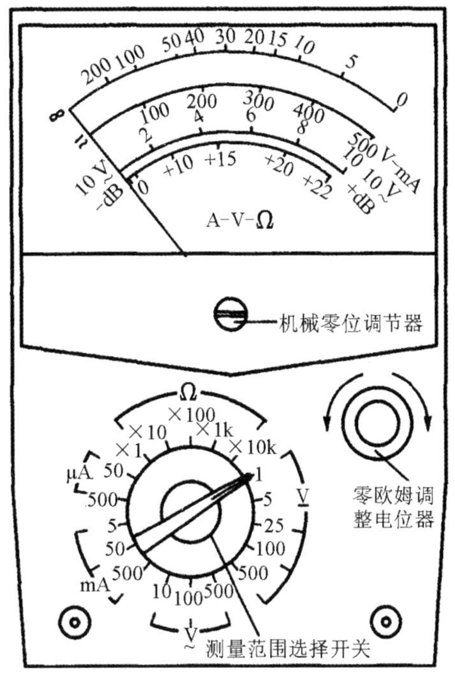

图 1-6-7　MF30 型万用表面板

①测量直流电压。将转换开关转到直流电压挡，将红、黑表棒分别插入“＋”“－”插孔中，直流电压挡有 1V、5V、25V、100V、500V 五个挡位，根据所测电压将转换开关置于相应的测量挡位上。若所测量电压数值无法估计时，可先用万用表的最高测量挡位，指针若偏转很小，再逐级调低到合适的测量挡位。测量时应注意正、负极性不要搞错。

②测量交流电压。交流电压挡有 10V、100V、500V 三个挡位。测量时，将转换开关转到交流电压挡。测量交流电压不分正、负极，所需量程由被测量电压高低来确定。若电压未知，和直流电压测量方法一样，由高到低，逐级调到合适的挡位。

③直流电流的测量。将表棒插入“＋”“－”插孔中，旋动旋转开关到直流挡范围内，并选择适当的挡位，然后将电表串接入被测量电路中。若电表指针反偏，则将表棒“＋”“－”极对调。直流电流挡有 50μA、500μA、5mA、50mA、500mA 五个挡位。

④电阻值的测量。将红表笔插入“＋”插孔，黑表笔插入“－”插孔，把转换开关转到欧姆挡的适当位置上。先将两表棒短接，旋动调零旋钮，使表针指在电阻刻度“0”处(如无法调至“0”处时，须更换电池)，然后用表棒测量电阻，面板上有 $R\times1$、$R\times10$、$R\times100$、$R\times1\text{k}$、$R\times10\text{k}$五个挡位的倍率数，将表头读数乘以倍率，就是所测量电阻的阻值。

(2) 万用表使用时的注意事项

①在测量时，不能旋动转换开关，特别是高电压和大电流时，严禁带电转换量程。

②若不能确定被测量大约数值，应先将挡位开关旋转到最大挡位上，然后再按测量值选择适当的挡位，使表针得到合适的偏转。

③测量直流电流时，万用表应与被测电路串联。

④测量电路中的电阻阻值时，应将被测电路的电源切断，如果电路中有电容器，应先将其放电后才能测量。切勿在电路带电情况下测量电阻。

⑤测量完毕后，最好将转换开关置于交直流电压 500V 位置上，防止下一次使用时因偶然疏忽，未调节测量范围而使万用表损坏。

2. 用直流电桥测量三相绕组冷态直流电阻

(1) QJ23 直流单臂电桥

直流单臂电桥也叫惠斯通电桥，用来测量中等数值 $1\sim1\times10^5\,\Omega$ 电阻。QJ23 型直流单臂电桥的面板如图 1-6-8 所示。比例臂倍率分为 0.001、0.01、0.1、1、10、100 和 1000 等七挡，由倍率转换开关选择。比较臂由四组可调电阻串联而成，每组均有 9 个相同的电阻，第一组为 9 个 1Ω，第二组为 9 个 10Ω，第三组为 9 个 100Ω，第四组为 9 个 1000Ω，由比较臂转换开关调节。面板上的四个比较臂转换开关构成了个位、十位、百位和千位，比较臂的电阻为四组读数之和。

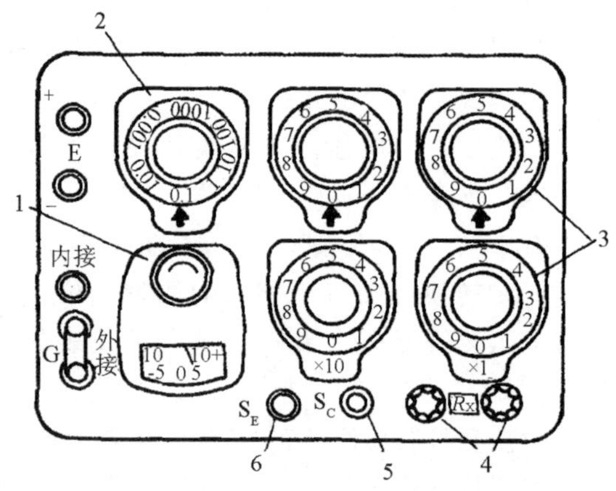

1-检流计　2-倍率转换开关　3-比较臂转换开关
4-被测电阻接线端　5-检流计按钮　6-电源按钮

图 1-6-8　QJ23 型直流单臂电桥面板

直流单臂电桥的使用步骤：

①使用前先将检流计的锁扣打开，并调节调零旋钮，使指针位于零。

②将被测电阻 R_X 接在接线端钮上，估算 R_X 的阻值范围，选择合适的比例臂倍率，使比较臂的四组电阻都用上。

③调平衡时，先按电源按钮 S_E，再按检流计按钮 S_C；测量完毕后，先松开检流计按钮 S_C，再松开电源按钮 S_E，以防被测对象产生感应电势而损坏检流计。

④按下按钮后，若指针向"－"侧偏转，则应减小比较臂电阻；若指针向"＋"侧偏转，则应增大比较臂电阻。调平衡过程中，不要把检流计按钮按死，待调到电桥接近平衡时，才可按死检流计按钮进行细调，否则检流计指针可能因猛烈撞击而损坏。

⑤若使用外接电源，其电压应按规定选择，过高会损坏桥臂电阻，太低则会降低灵敏度。若使用外接检流计，应将内附的检流计用短路片短接，将外接检流计接至"外接"端钮上。

⑥测量工作结束后，首先拆除电源，然后拆除被测电阻，将检流计的锁扣锁上，以防搬动过程中检流计被震坏。

（2）QJ42 直流双臂电桥

直流双臂电桥也叫凯文电桥，用来测量 1Ω 以下小电阻（如变压器电压分接开关的接触电阻、油开关的接触电阻等）。常用的 QJ42 型直流双臂电桥的面板如图 1-6-9 所示。右上角 $E_{外}$ 是外接电源的两个端钮"＋""－"及电源选择开关 $E_{内}$、$E_{外}$；下面是已知电阻调节盘，可在 0.5～11Ω 范围内调平衡。左上是倍率选择开关，有 $\times 10^{-4}$、$\times 10^{-3}$、$\times 10^{-2}$、$\times 10^{-1}$、×1 五挡，其下是检流计。面板左面是 C_1、P_1、P_2、C_2 四个端钮，用来连接被测电阻 R_X。电桥平衡后，用电阻调节盘的阻值乘以倍率，即为被测电阻 R_X 的阻值。

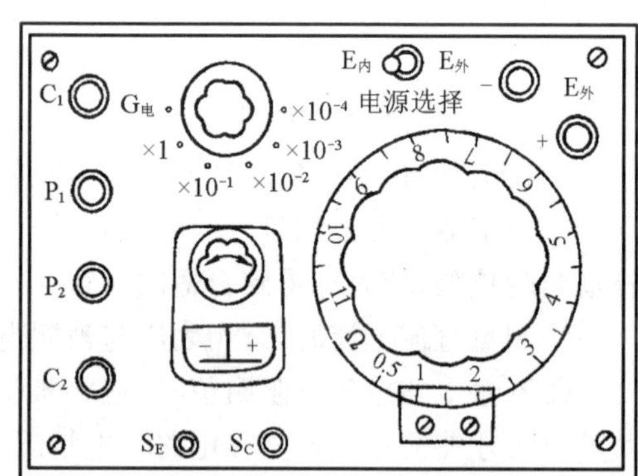

图 1-6-9　QJ42 型直流双臂电桥面板

直流双臂电桥使用时，除了按照直流单臂电桥的使用步骤外，还应注意以下几点：

①被测电阻应与电桥的电位端钮 P_1、P_2 和电流端钮 C_1、C_2 正确连接，若被测电阻没有专门的接线，可从被测电阻两接线头引出四根连线，但注意要将电位端钮 P_1、P_2 接至电流端钮 C_1、C_2 的内侧，如图 1-6-10 所示。

②连接导线应尽量短而粗，接线头要除尽漆和锈并接紧，尽量减小接触电阻。

③直流双臂电桥工作电流很大，测量时操作要快，以免耗电过多。测量结束后，应立即关断电源。

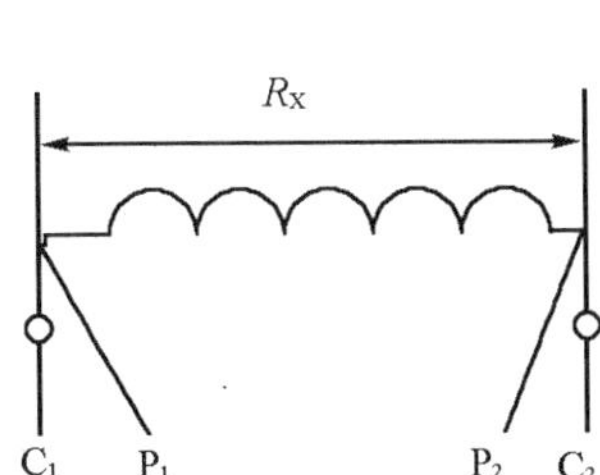

图 1-6-10　被测电阻电位端钮和电流端钮的接法

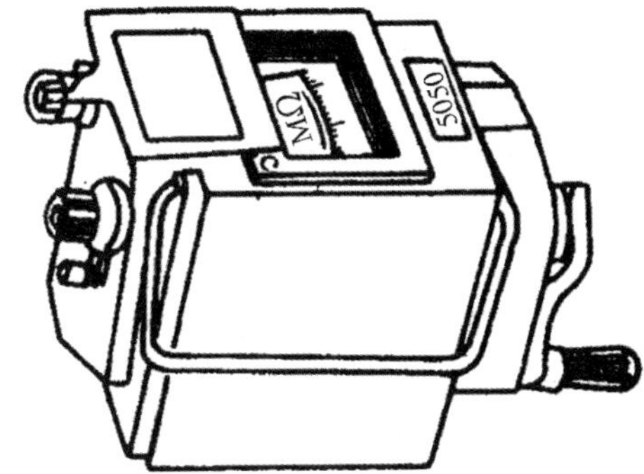

图 1-6-11　兆欧表

3. 用兆欧表测量绕组间的绝缘电阻

兆欧表又称摇表，其外表如图 1-6-11 所示，它是专门用来测量绝缘电阻值的便携式仪表，在电气安装、检修和实验中得到广泛应用。为了保证电气设备的正常运行和人身安全，必须定期对电动机、电器及供电电路的绝缘性能进行检测。

如果用万用表来测量设备的绝缘电阻，测得的只是在低压下的绝缘电阻，不能反映其在高压条件下工作时的绝缘性能。由于兆欧表本身能产生 500～5000V 高压电源，因此，用兆欧表测量绝缘电阻，能得到符合实际工作条件的绝缘电阻值。

(1) 兆欧表的选用

按电压分，兆欧表通常有 500V、1000V、2500V 等数种。高压电气设备绝缘电阻要求高，须选用电压高的兆欧表进行测试；低压电气设备所能承受的电压不高，为了保证设备安全，应选择电压低的兆欧表。选择兆欧表测量范围的原则是不使测量范围过多地超出被测绝缘电阻值，以免因刻度较粗产生较大的误差。

另外，还要注意有些电压高的兆欧表的起始刻度不是零，而是 1MΩ 或 2MΩ，不宜用该类兆欧表测量处于潮湿环境中的低压电气设备的绝缘电阻，因其绝缘电阻较小，有可能小于 1MΩ，在仪表上读不到读数，容易误认为绝缘电阻为 1MΩ 或为零值。

(2) 兆欧表的使用方法

兆欧表上有两个接线端子：一个是“电路 L”接线端子；另一个是“接地 E”接线端子。利用兆欧表可对输电电路及各种电气设备的绝缘电阻进行测量：在测量电缆时要用屏蔽接线端子连接电缆屏蔽层；用兆欧表测量电路对地绝缘电阻时，L 端接电路，E 端接地；测量照明电路绝缘电阻时，应把灯泡卸下来。

4. 判断三相异步电动机定子绕组的首尾端

当三相定子绕组重绕以后或将三相定子绕组的连接片拆开以后，此时定子绕组的六个出线头往往不易分清，则首先必须正确判定三相绕组的六个出线头的首尾端，才能将电动机正确接线并投入运行。六个接线头的首尾端判别方法有以下三种。

(1) 36V 交流电源法

①用万用表欧姆挡先将三相绕组分开。

②给分开后的三相绕组的六个接线头假设编号，分别编为 U_1、U_2；V_1、V_2；W_1、W_2。然后

按如图 1-6-12 所示把任意两相中的两个线头(设为 V_1 和 U_2)连接起来,构成两相绕组串联。

③在另外两个线头 V_2 和 U_1 上接交流电压表。

④在另一相绕组 W_1 和 W_2 上接 36V 交流电源,如果电压表有读数,说明线头 U_1、U_2 和 V_1、V_2 的编号正确;如果无读数,则把 U_1、U_2 或 V_1、V_2 中任意两个线头的编号对调一下即可。

⑤同样可判定 W_1、W_2 两个线头。

(2) 干电池法

①用万用表欧姆挡先将三相绕组区分,并进行假设编号,分别为 U_1、U_2;V_1、V_2;W_1、W_2。

②按如图 1-6-13 所示接线,合上电池开关的瞬间,若微安表指针摆向大于零的一边,则接电池正极的线头与微安表负极所接的线头同为首端(或同为末端)。

③再将微安表接另一相绕组的两线头,用上述方法判定首尾端即可。

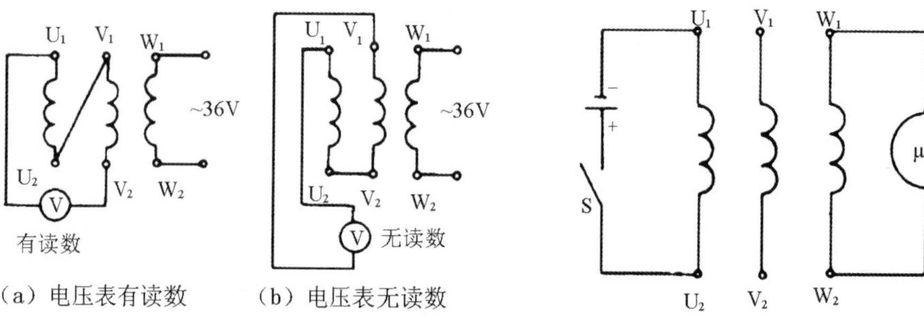

(a) 电压表有读数　(b) 电压表无读数

图 1-6-12　36V 交流电源法检查绕组首尾端

图 1-6-13　干电池法检查绕组首尾端

(3) 剩磁感应法

①用万用表欧姆挡先将三相绕组区分。

②给分开后的三相绕组做假设编号,分别为 U_1、U_2;V_1、V_2;W_1、W_2。

③按如图 1-6-14 所示接线,用手转动电动机转子。由于电动机定子及转子铁芯中通常均有少量的剩磁,当磁场变化时,在三相定子绕组中将有微弱的感应电动势产生。此时若并接在绕组两端的微安表(或万用表微安挡)指针不动,则说明假设的编号是正确的;若指针有偏转,说明其中有一相绕组的首尾端假设编号不对。应逐相对调重测,直至正确为止。这种方法最适合在首尾端判别后进行正确性检验。

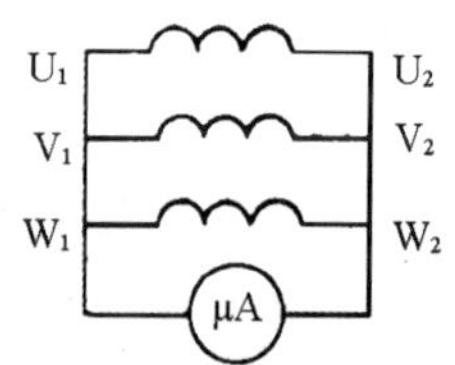

图 1-6-14　剩磁感应法检查绕组首尾端

5. 通电运行,用钳形电流表测量电动机三相空载电流

钳形电流表简称钳形表,是一种携带方便、可在不断电时测量电路中电流的仪表。它分为交流钳形表和交直流钳形表两类。交直流钳形表可测量交流和直流电流,但因其构造复杂、成本高,所以现在使用的大多是交流钳形表。

(1) 钳形电流表构造

钳形电流表是一种特制电流互感器,其铁芯用绝缘柄分开,可卡住被测物的母线或导线,装在钳体上的电流表接到装在铁芯上的副线圈两端。常用的钳形表有 T-301 型钳形电流表,其外形如图 1-6-15 所示。压紧铁芯开关 7 和手柄 6,使铁芯张开,将通电导体卡入其中,即可直接读出被测电流的大小。

(2) 钳形电流表的使用方法及注意事项

①钳形电流表不允许测高压电路的电流,被测电路的电压不得超过钳形电流表所规定的数值,以防绝缘击穿,造成触电事故。

②使用时,将量程开关转到合适位置,手持胶把手柄,用食指钩紧铁芯开关,便可打开铁芯,将被测电路置于钳口中央。

③测量前,先估算电流的大小,再选择适当的量程,不能用小量程测量大电流。不了解所测电流时,应先用较大量程粗测,然后视被测电流的大小,减小量程,以求准确测量。改变量程时,须将被测导线退出钳口,不能带电旋转量程开关。

④每次测量只能钳入一根导体。由于钳形电流表量程较大,在测量小电流时读数困难、误差大,为克服这个缺点,可将导线在铁芯上绕几匝,再将读得的电流数除以匝数,即得实际的电流值。

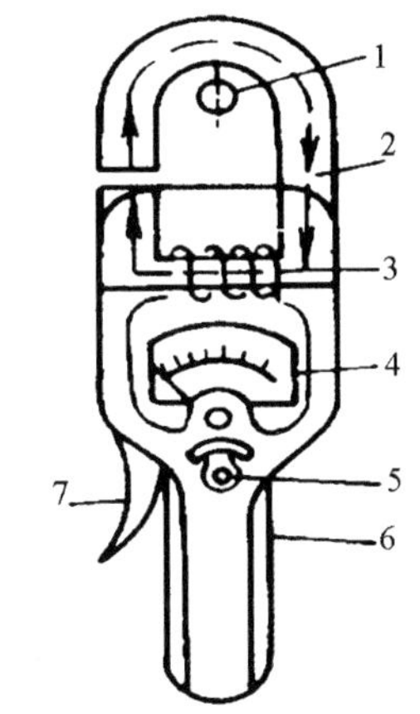

1-被测导线 2-钳口 3-互感器 4-指示盘 5-量程选择开关 6-手柄 7-铁芯开关

图 1-6-15 T-301 型钳形电流表

⑤用钳形电流表测出三相绕组空载电流 I_U、I_V、I_W,并判断这些数据是否正常。任何一相空载电流与三相电流平均值偏差不得大于 10%。

四、实训步骤

(1) 三相异步电动机三相绕组直流电阻的测量。

①拆开电动机接线盒上的绕组连片。

②将万用表量程打至 $R\times1$ 挡,欧姆调零后估测绕组直流电阻。

③根据估测的绕组电阻选择合适的直流电桥进行测量。

④分别测量三相绕组的直流电阻值,并记录在实训报告中。

U 相:________ V 相:________ W 相:________

(2) 三相异步电动机三相绕组相间绝缘电阻的测量。

①拆开电动机接线盒上的绕组连片。

②兆欧表自检。

③将摇表的两根测试线分别接到两相绕组上,摇动手柄,由慢渐快至 120 转/分均速,当指针稳定后读数,读数后停止摇动,并拆线。

④同样方法分别测出另两相之间的绝缘电阻,并记录在实训报告中。

U—V 相:________ V—W 相:________ W—U 相:________

(3) 三相异步电动机三相绕组对地绝缘电阻的测量。

①将摇表的"L"接线桩接到一相绕组上,"E"接线桩接到电动机接线盒内接地端或者电动机外壳无绝缘层的螺丝上。

②摇动手柄(方法同上)。

③将摇表的"L"接线桩分别换接至另两相绕组测量,并记录在实训报告中。

U 相:________ V 相:________ W 相:________

(4) 电动机空载电流的测量。

①将电动机通电运转。

②使用钳形电流表分别测量三相空载电流，并记录在实训报告中。

U 相：________ V 相：________ W 相：________

③切断电源并拆除电动机引接线。

(5) 根据测量结果，判断该电动机性能的好坏。

(6) 完成实训报告。

五、实训注意事项

(1) 万用表量程不用选择太大，应选择 $R\times1$ 挡，测量前必须调零。

(2) 摇表使用前必须检验其好坏、接线是否正确。

(3) 钳形表测量电流时，不可用小量程测量大电流；被测导线要放置在钳口中间，注意安全。

(4) 单臂电桥和双臂电桥是精密仪器，必须轻拿轻放、操作规范。

(5) 各测量数据记录必须正确且带上单位。

(6) 在规定时间内完成各项操作。

六、成绩评定

成绩评定结果可填入表 1-6-2 中。

表 1-6-2 成绩评定结果

考核内容	配分	评分标准		扣分	得分
直流电阻测量	30 分	仪表使用方法有错，每次扣 5 分 测试方法有错，扣 10 分 数据记录有明显错误或无单位，每处扣 5 分			
绝缘电阻测量	40 分	摇表使用方法有错，每处扣 5 分 方法错误，每次扣 5 分 操作步骤错误，每次扣 3 分 读数及数据记录有明显错误或无单位，每处扣 2 分			
三相电流测量	30 分	仪表使用方法有错，每次扣 5 分 测量方法有错，每次扣 5 分 读数及数据记录有明显错误或无单位，每处扣 2 分			
练习时间	—	共 20 分钟，每超时 2 分钟扣 1 分，超时不足 2 分钟按 2 分钟计			
合计	100 分	开始时间：	结束时间：		

注：总分 100 分，安全文明生产可以实施倒扣分，其他项目扣分不超过其配分。

任务七 室内照明与配电电路的安装

一、实训目的

(1) 掌握照明灯具、插座、漏电保护器及照明配电板的安装技能。

(2) 掌握一般室内电路的安装技能。

(3) 熟悉量电装置的安装方法。

二、实训器材

配电板 1 块、熔断器 2 只、双控开关 2 只、接线盒 4 只、灯泡 1 只、日光灯 1 套、常用工具 1 套、万用表 1 只,以及木螺丝、护套线、黑胶布若干。

三、实训内容

(一) 室内照明电路的安装

1. 单联开关控制一盏灯电路

用一只单联开关控制一盏灯的电路图,如图 1-7-1 所示。

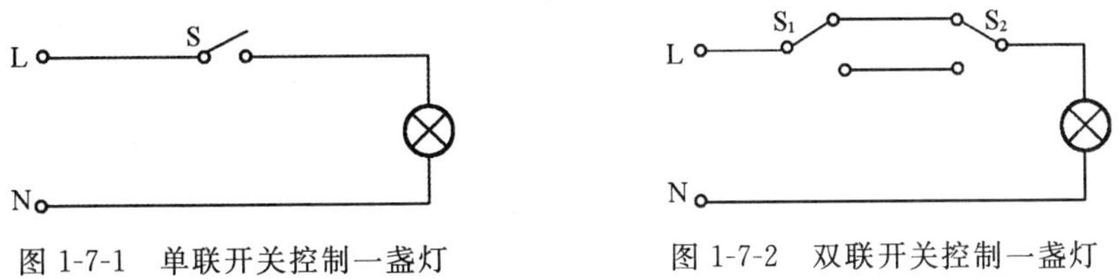

图 1-7-1 单联开关控制一盏灯　　图 1-7-2 双联开关控制一盏灯

2. 双联开关控制一盏灯电路

用两只双联开关控制一盏白炽灯的电路图,如图 1-7-2 所示。

3. 日光灯的接线图

日光灯的附件较多,各部件位置固定好后,按如图 1-7-3 所示进行接线,然后把启辉器和灯管分别装入。其相线应经开关连接在镇流器上,通电试验正常后,方可投入使用。

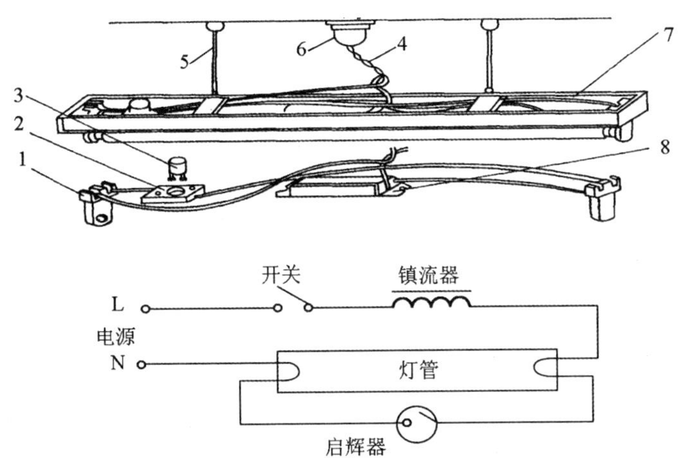

1-灯脚 2-启辉器座 3-启辉器 4-双绞线 5-铰链 6-挂线盒 7-灯架 8-镇流器

图 1-7-3 日光灯的安装线路

如图 1-7-3 所示,当日光灯接通电源后,电源电压经过镇流器、灯丝,加在起辉器的∩形动触片和静触片之间,引起辉光放电。辉光放电时产生的热量使双金属∩形动触片膨胀并向外伸张,与静触片接触,接通电路,使灯丝预热并发射电子。与此同时,由于∩形动触片和静触片相接触,使两片间电压为零而停止辉光放电,使∩形动触片冷却并复原脱离静触片,在动触片断开瞬间，在镇流器两端会产生一个比电源电压高得多的感应电动势。这个感应电动势加在灯管两端，使灯管内惰性气体被电离而引起光放电。随着灯管内温度升高，液态汞就会汽化游离，引起汞蒸汽光放电而发出肉眼看不见的紫外线，紫外线激发灯管内壁的荧光粉后，发出近似日光的灯光。

镇流器另外还有两个作用：一是在灯丝预热时，限制灯丝的预热电流值，防止预热过高而烧断，并保证灯丝电子的发射能力；二是在灯管启辉后，维持灯管的工作电压和限制灯管工作电流在额定值内，以保证灯管能稳定工作。

并联在氖泡上的电容有两个作用：一是与镇流器线圈形成 LC 振荡电路，能延长灯丝的预热时间和维持感应电动势；二是能吸收干扰收音机和电视机的交流杂声。在电容被击穿，并将其剪除后，启辉器仍能使用。

4. 插座的安装

插座的安装如图 1-7-4 所示。

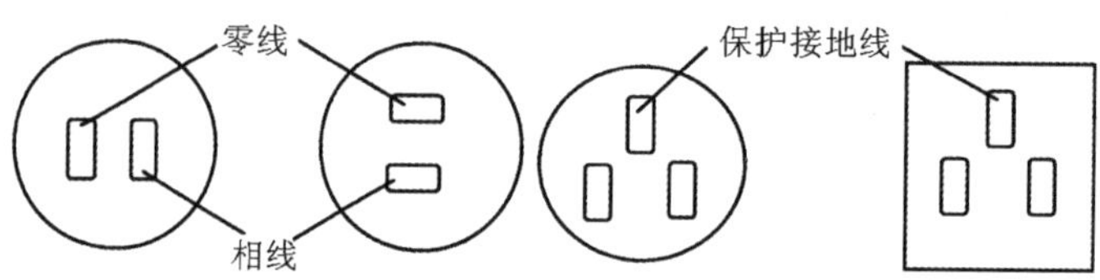

图 1-7-4　单相两眼、单相三眼插座的安装

5. 单相电流型漏电保护器的安装

单相电流型漏电保护器的电路原理图如图 1-7-5 所示，正常运行(不漏电)时，流过相线和零线的电流相等，两者合成电流为零，漏电电流检测元件(零序电流互感器)无漏电信号输出，脱扣线圈无电流而不跳闸；当发生人碰触相线触电或相线漏电时，电路对地产生漏电电流，流过相线的电流大于零线电流，两者合成电流不为零，互感器感应出漏电信号，经放大器输出驱动电流，脱扣线圈因有电流而跳闸，起到人身触电或漏电的保护作用，通常兼具断路器作用。额定漏电动作电流有 30mA、15mA 和 10mA 可选用，动作时间小于 0.1s。

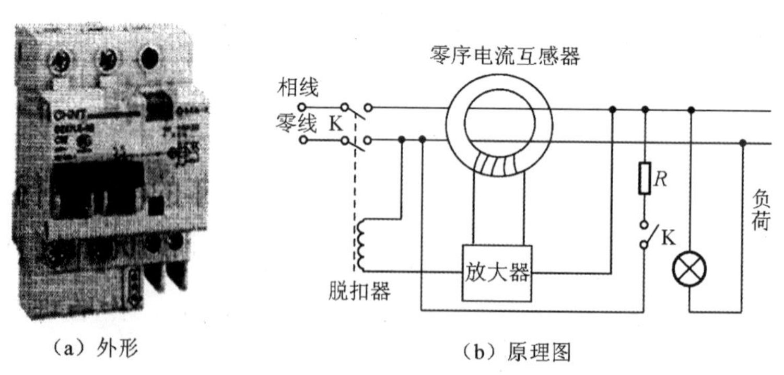

(a) 外形　　(b) 原理图

图 1-7-5　单相电流型漏电保护器

(二) 照明配电板的安装

照明配电板是用户室内照明及用电的配电点，输入端接在供电部门送到用户的进户线上，它将计量、保护和控制电器安装在一起，便于管理和维护，有利于安全用电。单相照明配

电板一般由电度表、控制开关(断路器)、过载和短路保护器等组成,要求较高的还装有漏电保护器。普通单相照明配电板如图 1-7-6 所示。

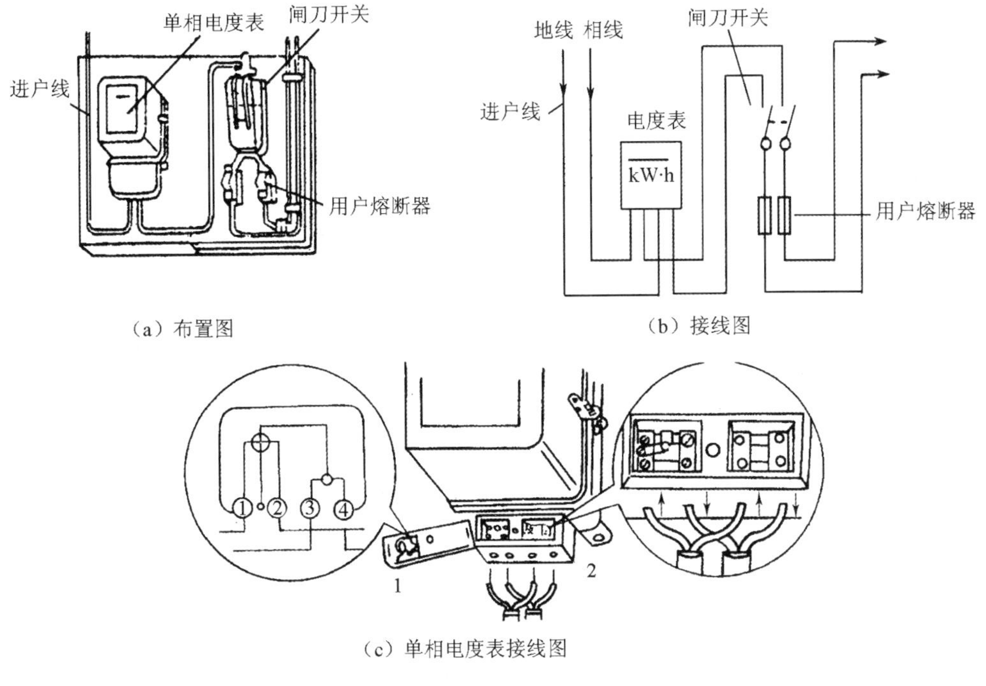

(a) 布置图　(b) 接线图

(c) 单相电度表接线图

1-接线图　2-接线盒

图 1-7-6　单相照明配电板

四、实训步骤

按图 1-7-6 模拟安装单相配电板,并安装双联开关控制一盏灯。室内布线无论何种方式,主要有以下步骤:

(1) 按设计图样确定灯具、插座、开关、配电箱等装置的位置,并配齐元器件。

(2) 勘察建筑物情况,确定导线敷设的路径、穿越墙壁或楼板的位置。

(3) 在土建未涂灰之前,打好布线所需的孔眼,预埋好螺钉、螺栓或木榫。暗敷电路,还要预埋接线盒、开关盒及插座盒等。

(4) 装设绝缘支撑物、线夹或管卡。

(5) 进行导线敷设,导线连接、分支或封端。

(6) 将出线接头与电器装置或设备连接。

(7) 通电验收(评分)。

(8) 完成实训报告。

五、实训注意事项

(1) 电工刀、螺丝刀使用时要用力适当,以防失控伤手。

(2) 用钢丝钳、尖嘴钳等剖削导线时用力要均匀,以免损伤芯线。

(3) 穿戴好劳保用品。

(4) 试车时必须验电。

(5) 火线必须进开关。

六、成绩评定

成绩评定结果可填入表 1-7-1 中。

表 1-7-1　成绩评定结果

考核内容	配分	评分标准		扣分	得分
配线	50 分	导线不平直,每根扣 5 分 导线剖削损伤,每处扣 5 分 导线线芯损伤,每处扣 5 分 线卡、支撑物安装不符要求,每处扣 2 分			
灯具 及插座安装	50 分	安装电路错误,每通电一次扣 25 分 元器件安装不符合要求,每处扣 10 分 元器件损坏,每只扣 20 分 火线未进开关,扣 15 分			
练习时间	—	共 120 分钟,每超时 5 分钟扣 5 分,超时不足 5 分钟按 5 分钟计			
合计	100 分	开始时间:	结束时间:		

注:总分 100 分,安全文明生产可以实施倒扣分,其他项目扣分不超过其配分。

模块二　电力拖动控制电路的安装

任务一　常用低压电器的识别

低压电器通常是指工作在交流额定电压 1200V 及以下、直流额定电压 1500V 及以下的电器。它们是电气控制系统的基本组成元件，电气控制系统的优劣与所用低压电器的质量和正确使用直接相关。所以，电气技术人员必须熟悉常用低压电器的工作原理、结构、型号、规格和用途，并能正确选择、使用与维护。

一、实训目的

(1) 认识常用低压电器的外形及其用途。

(2) 掌握常用低压电器的结构和检测。

(3) 掌握常用低压电器的规格及其选用。

二、实训内容

(一) 熔断器

熔断器又称保险器(或保险丝)，它广泛用于低压电网中作为短路保护器件。当通过熔断器的电流超过规定值时，熔断器熔体很快熔化将电路切断。其特点是体积小、动作快、简单经济，并具有限制短路电流的作用。

1. 常见熔断器类型

熔断器的种类很多，按电压等级可分为高压熔断器和低压熔断器两种；按结构可分为开启式和封闭式，封闭式熔断器又可分为有填料管式、无填料管式和有填料螺旋式等；按用途可分为一般工业用熔断器和保护半导体器件用的快速熔断器。常见熔断器类型及符号如图 2-1-1 所示。

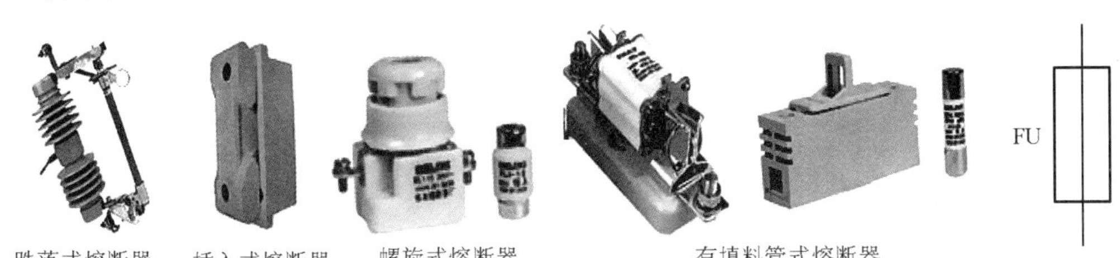

图 2-1-1　常见熔断器类型及符号

2．熔断器型号及含义

常见熔断器型号及含义：

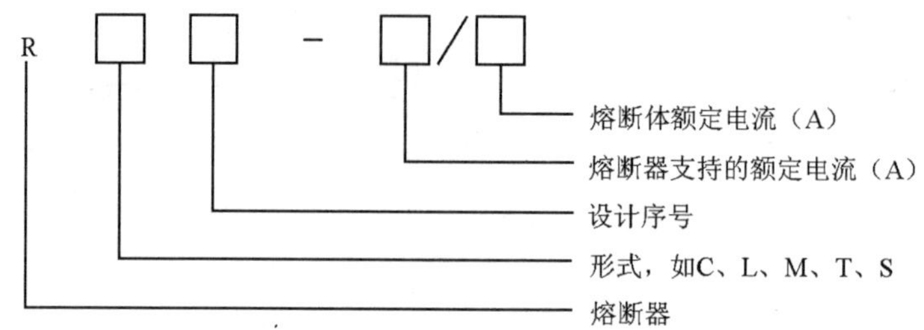

3．熔断器的选用

熔断器和熔体只有经过正确的选择、规范的安装，才能起到应有的保护作用。

（1）熔断器类型的选择

根据使用环境和负载性质，选择适当类型的熔断器。对于较小容量的照明电路，可选用 RC 系列插入式熔断器；在开关柜或者配电屏中，可选用 RM 系列无填料封闭管式熔断器；对于短路电流相当大或者有易燃、易爆气体的地方，应选用 RT 系列有填料封闭管式熔断器；在机床电气控制电路中，多选用 RL 系列螺旋式熔断器；用于半导体功率元件或者晶闸管保护时，则应选用 RS 系列快速熔断器。

（2）熔体额定电流的选择

当熔断器用于纯电阻性负载（如照明、电炉等）且电流较平稳、无冲击电流的场合进行短路保护时，熔体的额定电流I_{RN}应等于或稍大于负载的额定电流 I_{LN}。

当熔断器用于电动机回路的短路保护时，要避免发生电动机在启动过程中因为启动电流过大而使熔体烧断。通常在电动机不经常启动或启动时间不长的场合，熔体的额定电流I_{RN}应大于或者等于 1.5～2.5 倍的电动机额定电流 I_N，即

$$I_{RN} \geqslant (1.5 \sim 2.5) I_N$$

对于频繁启动或者启动时间较长的电动机，上式的系数应增加到 3～3.5。

对多台电动机进行短路保护时，熔体的额定电流 I_{RN} 应大于或者等于其中最大容量电动机的额定电流 I_{Nmax} 的 1.5 ～ 2.5 倍再加上其余电动机额定电流的总和 $\sum I_N$，即

$$I_{RN} \geqslant (1.5 \sim 2.5) I_{Nmax} + \sum I_N$$

快速熔断器主要用于半导体装置的内部短路保护，当半导体元件损坏时，短路电流将熔体迅速烧断，将故障电路与其他完好支路隔离，防止故障扩大。快速熔断器用于电子整流元件的短路保护时，熔体的额定电流 I_{RN} 应大于或等于 1.57 倍的被保护整流元件额定电流 I_N，即

$$I_{RN} \geqslant 1.57 I_N$$

根据负载情况选出熔体的额定电流 I_{RN}后，熔断器的分断能力还应大于电路中可能出现的最大短路电流。熔断器的额定电压必须等于或者大于电路的额定电压。

【例】 RL 系列螺旋式熔断器的选用。

【解】 RL 系列螺旋式熔断器的常用规格如表 2-1-1 所示。

根据经验公式可知，被保护三相异步电动机的额定电流为：

$$I_N = 电动机的额定功率千瓦数 \times 2(A)$$

其中,用于控制电路短路保护的熔体因继电、接触器线圈的阻抗较大、容量较小、电流较小,可直接选择 2～6A 的熔体。

表 2-1-1 RL 系列螺旋式熔断器常用规格

型号	额定电压/V	额定电流/A	熔体额定电流/A
RL1	500	15	2,4,6,10,15
		60	15,20,30,35,40,50,60
		100	60,80,100
		200	100,125,150,200
RL2	500	25	2,4,6,10,15,20,25
		60	25,35,50,60
		100	80,100

4. 熔断器的安装操作规则

(1) 熔断器应完整无缺,安装时应保证熔体和夹头以及夹头和夹座接触良好,额定电压、额定电流值及标志朝外。

(2) 熔断器的进出线接线桩应垂直布置,螺旋式熔断器电源进线应接在瓷底座的下接线桩上,负载侧出线应接在螺纹壳的上接线桩上。这样在更换熔体时,旋出螺帽后螺纹壳上不带电,可以保证操作者的安全。

(3) 熔断器要安装合格的熔体,不能用多根小规格熔体并联代替一根大规格熔体。

(4) 安装熔断器时,上下各级熔体应相互配合,做到下一级熔体规格小于上一级熔体规格。

(5) 安装熔丝时,熔丝应在螺栓上顺时针方向缠绕,压紧力度恰当,同时注意不得损伤熔体,以免减小熔体的截面积,熔体截面积过小工作时产生局部发热而产生误动作。

(6) 更换熔体或熔管时,必须切断电源,尤其不允许带负荷操作。

(7) 若熔断器兼做隔离器件使用时,应安装在控制开关的电源进线端;若仅做短路保护用,应装在控制开关的出线端。

5. RL 系列螺旋式熔断器常见故障和处理方法

RL 系列螺旋式熔断器常见故障和处理方法如表 2-1-2 所示。

表 2-1-2 RL 系列螺旋式熔断器常见故障和处理方法

故障现象	可能的故障原因	处理方法
熔体熔断	短路故障或过载运行而正常熔断	安装新熔体前,先要找出熔体熔断的原因,未确定熔断原因前,不要更换熔体运行
	熔体使用时间过久,熔体氧化后温升过高而引起误断	更换新熔体,检查熔体额定值是否与被保护设备匹配
	熔体安装时有机械损伤,使其截面积变小而在运行时引起误断	更换新熔体时,要检查熔体是否有机械损伤,熔管是否有裂纹

续　表

故障现象	可能的故障原因	处理方法
熔断器与配电电路同时烧毁或连接导线、接线桩烧毁	谐波产生，当谐波电流进入配电装置，回路中电流激增而引起烧毁	清除谐波电流产生原因
	导线截面积偏小，温升过高烧毁	增大导线截面积
	接线端与导线连接螺栓未旋紧产生弧光放电而引起烧毁	导线防氧化处理，并按要求旋紧螺栓
熔断器接触件温升过高	熔断器运行时间过长，表面氧化或粉尘多，而使温升过高	清除氧化与粉尘或者更换全套熔断器
	熔体未旋紧，接触不良，而致温升过高	检查并旋紧熔体

（二）低压开关

低压开关主要做隔离、转换、接通和分断电路用。多数用作机床电路的电源开关和局部照明电路的控制开关，有时也用来直接控制小容量电动机的启动、停止和正反转。低压开关一般为非自动电器，常用的类型有刀开关、组合开关和低压断路器等。

常见低压开关类型及符号如图 2-1-2 所示。

图 2-1-2　常见低压开关类型及符号

1. HK、HH 系列负荷开关的选用和安装操作规则

HK 系列开启式负荷开关的结构简单、价格便宜，常在一般的照明电路和功率小于 5.5kW 的电动机控制电路中被采用。但这种开关没有专门的灭弧装置，其刀式动触头和静触头（夹座）易被电弧灼伤引起接触不良，因此不宜在频繁操作的电路中使用。而 HH 系列封闭式负荷开关由于采用了储能分合闸方式，使触头的分合闸速度与手柄操作速度无关，有利于迅速熄灭电弧，且其具有简易的灭弧装置，故操作频率有了一定的提高。另外，HH 系列负荷开关还采用分合闸连锁装置，保证开关在合闸状态下开关外盖不能开启，而当外盖开启时又不能合闸，确保了操作者的安全。

HK 系列开关的型号及含义：

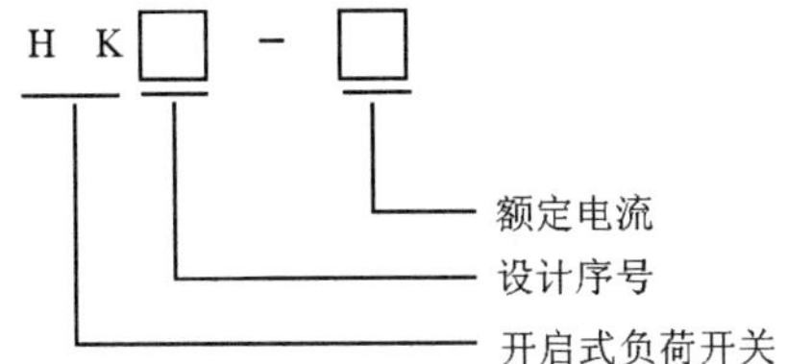

(1) HK、HH 系列负荷开关的选用

①用于照明和电热负载时，选用额定电压为 220V 或 250V、额定电流不小于电路所有负载额定电流之和的开关。

②用于控制电动机直接启动和停止时，选用额定电压为 380V 或 500V、额定电流不小于电动机额定电流 3 倍的三极开关。

(2) HK、HH 系列负荷开关的安装操作规则

①必须垂直安装在控制屏或开关板上，安装高度一般离地不低于 1.5m，且合闸状态时手柄应朝上，不允许倒装或平装，以防止发生误合闸事故。

②开关的金属外壳必须可靠接地。

③接线时，应将电源进线接在静接线桩上，负载侧引线接在刀型触头一侧的接线桩上。

④HK 系列开启式负荷开关在分合闸操作时，应动作迅速，使电弧尽快熄灭，且操作者要站立于开关侧面，不准面对开关，以免因意外故障而引起电流使开关爆炸伤人。

2. HZ 系列组合开关的选用和安装操作规则

HZ 系列组合开关的型号及含义：

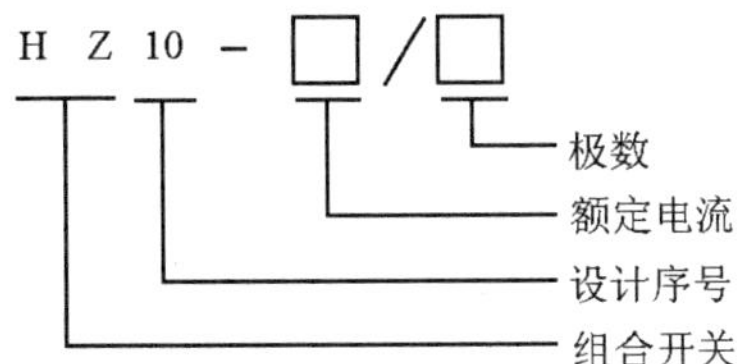

(1) HZ 系列组合开关的选用

组合开关应根据电源种类、电源等级、所需触头数、接线方式和负载容量等进行选用。可以用于直接控制异步电动机的启动和正反转，开关的额定电流一般取电动机额定电流的 1.5～2.5 倍，且所控制的电动机功率不宜超过 5.5kW。若用作照明、电热电路或者电气控制系统的电源开关时，组合开关的额定电流应等于或大于被控制电路中各负载电流的总和。

HZ10 及 HZ5 系列组合开关常用规格如表 2-1-3 所示。

表 2-1-3 HZ10 及 HZ5 系列组合开关常用规格

型号	额定电流/A	可控制电动机的最大容量和额定电流	说明
HZ10-10	6(单极)	3kW,7A	属于国标产品（建议使用）
	10		
HZ10-25	25	5.5kW,12A	
HZ10-60	60		
HZ10-100	100		

续 表

型号	额定电流/A	可控制电动机的最大容量和额定电流	说明
HZ5-10	10	1.7kW	HZ1～HZ5 系列为非国标产品
HZ5-20	20	4kW	
HZ5-40	40	7.5kW	
HZ5-60	60	10kW	

(2) HZ 系列组合开关的安装操作规则

①HZ 系列组合开关应安装在控制箱(或壳体)内,操作手柄最好处于控制箱正面或侧面。操作手柄若需安装于箱内,开关最好安装在箱内右上方,其上方不再安装其他电器。

②开关的金属外壳必须可靠接地。

③组合开关的通断能力较低,不能用于频繁操作电动机启动和正反转,且必须等电动机完全停转以后才能反向启动,以免反接电流过大影响其寿命和操作者安全。

3. DZ 系列塑壳低压断路器(自动空气开关)的选用和安装操作规则

DZ 系列塑壳低压断路器的型号及含义:

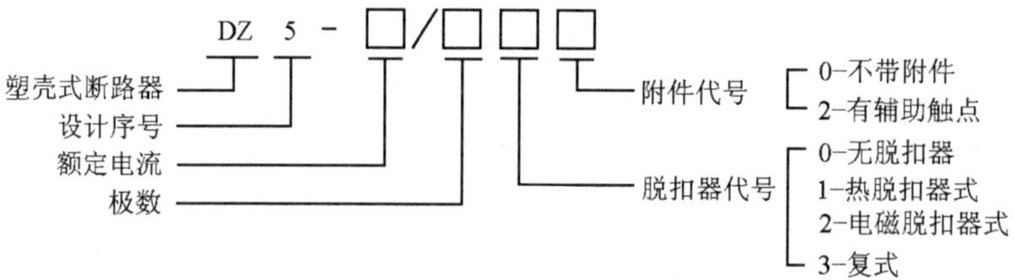

(1) DZ 系列塑壳低压断路器的选用

①低压断路器的额定电压和电流应不小于电路的正常工作电压和计算负荷电流。

②热脱扣器的整定电流应略小于或等于所控制电动机的额定电流。

③电磁脱扣器的瞬时脱扣整定电流应大于负载正常工作时可能出现的峰值电流。用于控制电动机的断路器,其瞬时脱扣整定电流可以按下式选取:

$$I_Z \geqslant K I_{ST}$$

式中:K 为安全系数,可取 1.5～1.7;I_{ST} 为电动机启动电流。

④断路器的极限通断能力应不小于电路最大短路电流。

(2) DZ 系列塑壳低压断路器的安装操作规则

①低压断路器应垂直于配电板安装,电源引线应接到上端,负载线接到下端。

②低压断路器用作电源总开关或者电动机的控制开关时,在其进线侧必须加装刀型开关或者熔断器,以形成明显的断开点。

③使用过程中若遇分断短路电流,应及时检查触头系统,并不得随意变动各脱扣器的动作值。

(三) 交流接触器

接触器是一种自动的电磁式开关,适用于远距离频繁地接通或断开交直流主电路及大容量控制电路。其主要控制对象是电动机，也可用于控制其他负载，如电热设备、电焊机以及电容器组等。它不仅能实现远距离自动操作和欠电压释放保护功能，而且具有控制容量大、工作可靠、操作频率高、使用寿命长等优点，在电力拖动系统中得到广泛应用。接触器按主触头通过的电流种类不同，可分为交流接触器和直流接触器。

常见交流接触器类型及符号如图 2-1-3 所示。

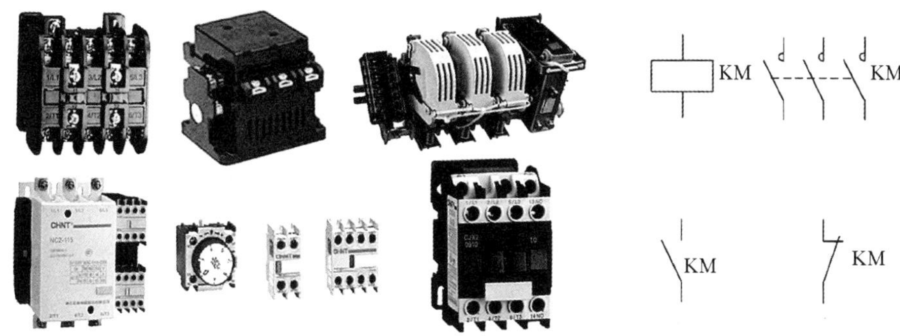

图 2-1-3 常见交流接触器类型及符号

CJ 系列交流接触器的型号及含义：

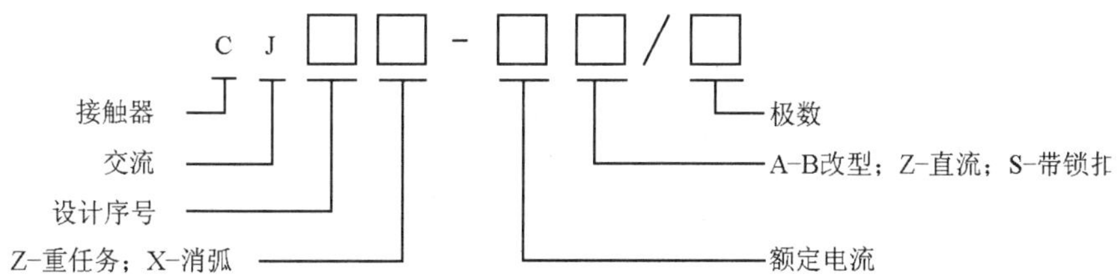

1. 交流接触器的选用

在电力拖动系统中，交流接触器可按下列方法选用：

(1) 主触头的额定电压应大于或等于控制电路的额定电压。

(2) 主触头的额定电流应等于或稍大于电动机的额定电流。若接触器在频繁启动、制动及正反转的场合中使用，应将接触器主触头的额定电流降低一个等级使用。

(3) 当控制电路简单、使用电器较少时，为节省变压器，可直接选用 380V 或 220V 的线圈电压；电路复杂且考虑安全时，可采用 36V 或 110V 的线圈。

(4) 接触器的触头数量、类型应满足控制电路的要求。

CJ10 系列交流接触器的常见规格如表 2-1-4 所示。

表 2-1-4 CJ10 系列交流接触器的常见规格

<table>
<tr><th rowspan="2">型号</th><th colspan="2">主触头</th><th rowspan="2">线圈电压/V</th><th colspan="2">可控制电动机最大功率/kW</th></tr>
<tr><th>额定电流/A</th><th>额定电压/V</th><th>220V</th><th>380V</th></tr>
<tr><td>CJ10-10</td><td>10</td><td rowspan="4">380</td><td rowspan="4">36、110、127、220、380</td><td>2.2</td><td>4</td></tr>
<tr><td>CJ10-20</td><td>20</td><td>5.5</td><td>10</td></tr>
<tr><td>CJ10-40</td><td>40</td><td>11</td><td>20</td></tr>
<tr><td>CJ10-60</td><td>60</td><td>17</td><td>30</td></tr>
</table>

2. 交流接触器的安装操作规则

(1) 检查接触器铭牌数据是否符合实际使用要求。

(2) 检查接触器外观,应无机械损伤;用手推动可动部分时,应动作灵活,无卡阻现象;灭弧罩应完整无缺。

(3) 测量接触器的线圈电阻和绝缘电阻。

(4) 交流接触器一般应安装在垂直面上,接触器上的散热孔应上下布置,接触器之间应留有适当的空间以利于散热。

(5) 安装使用时,注意不要把零件和杂物落入接触器内部,并拧紧固定孔。

(四) 按钮

按钮是主令电器的一种,常用的主令电器还有位置开关、万能转换开关和主令控制器。主令电器是用作接通或者断开控制电器,以发出指令或者做程序控制的开关电器。按钮的触头允许通过的电流较小,一般不超过5A。因此,一般情况下它不直接控制主电路的通断,而是在控制电路中发出指令或者信号去控制接触器、继电器等电器,再由它们去控制主电路的通断、功能转换或者电气连锁。

常见按钮类型及符号如图2-1-4所示。

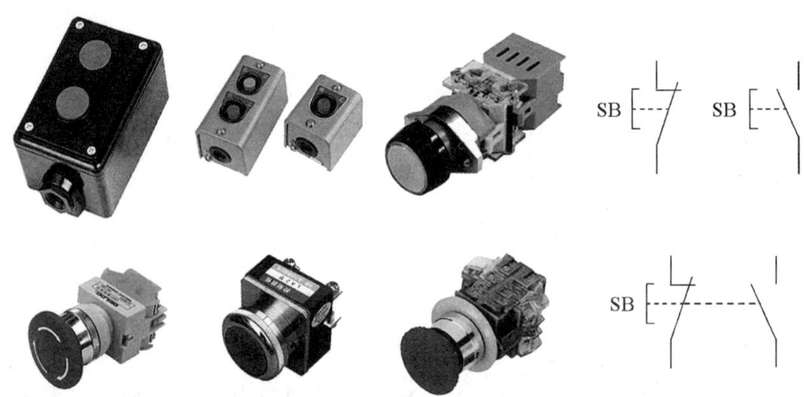

图2-1-4 常见按钮类型及符号

LA系列按钮的型号及含义:

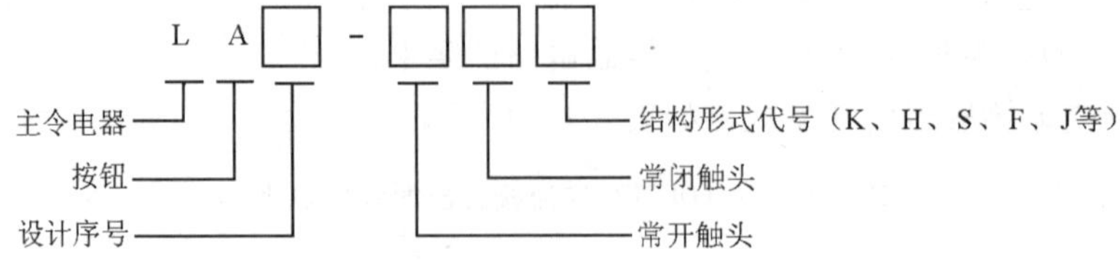

1. 按钮的选用

(1) 根据使用场合和具体用途选择按钮的种类。

(2) 根据工作状态指示和工作情况要求选择按钮的颜色,急停按钮选用红色。

(3) 根据控制回路的需要数量选择按钮的数量,如单联、双联和三联等。

2. 按钮的安装操作规则

(1) 按钮安装在面板时,应整齐、排列合理,如根据电动机的启动先后顺序,从上到下或者从左到右排列。

(2) 按钮的安装应牢固,按钮的金属外壳应可靠接地。

(五) 热继电器

热继电器是一种利用流过其热元件的电流所产生的热效应而反时限动作的继电器。其主要用于电动机的过载保护、断相保护、三相电流不平衡工况下运行的保护及其他电气设备发热状态的控制与保护。

常见热继电器类型及符号如图 2-1-5 所示。

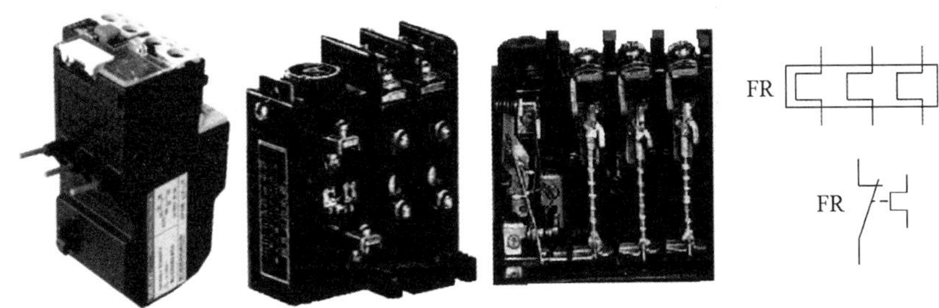

图 2-1-5 常见热继电器类型及符号

JR 系列热继电器的型号及含义:

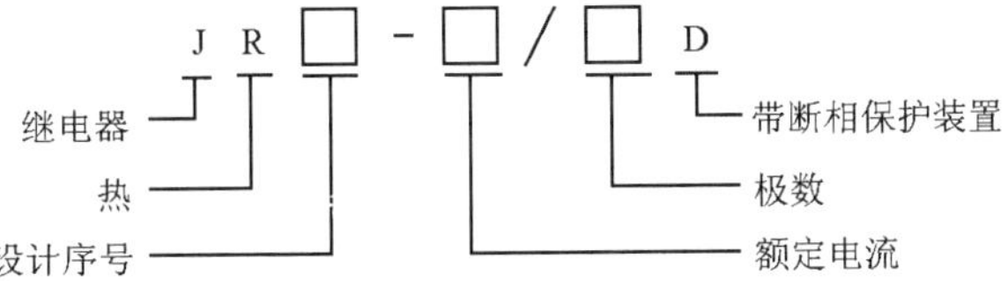

1. 热继电器的选择

JR 系列热继电器的主要技术数据如表 2-1-5 所示,依据以下三点选用:

(1) 选择热继电器和热元件的额定电流略大于电动机的额定电流。

(2) 一般情况下,热继电器热元件的整定电流为电动机额定电流的 0.95～1.05 倍。

(3) 根据电动机定子绕组的连接方式选择热继电器的结构形式,即定子绕组为 Y 形连接的电动机选用普通三相结构的热继电器,而△连接的电动机应选用三相结构带断相保护装置的热继电器。

表 2-1-5 JR 系列热继电器的主要技术数据

型号	额定电流/A	额定电压/V	相数
JR16(JR0) (有断相保护装置)	20	380	3
	60		
	150		
JR15 (无断相保护装置)	10	380	2
	40		
	100		
	150		

续　表

型号	额定电流/A	额定电压/V	相数
JR14	20	380	3
	150		

2. 热继电器的安装操作规则

(1) 热继电器必须按照产品说明书中规定的方式安装。安装处的环境温度应与电动机所处环境温度基本相同。与其他电器安装在一起时，应注意将热继电器安装在其他电器的下方，以免误动作。

(2) 热继电器安装时应清除接线桩表面油污，以免使用时发热导致误动作。

(3) 热继电器进出线连接导线应按规定选用，不宜过细或者过粗，以免误动作或者不动作。

(六) 接线端子排

在电气控制配接线中，凡控制屏内设备与屏外设备相连接时，都要通过一些专门的接线端子，这些接线端子组合起来，即为端子排。端子排的作用就是将屏内设备和屏外设备的电路相连接，起到信号(电流、电压)传输的作用。有了端子排，不仅使得接线美观、维护方便，而且使得远距离线之间的连接更牢靠，便于施工和维护。

常见接线端子排类型如图 2-1-6 所示。

图 2-1-6　常见接线端子排类型

由于接线端子排有很多生产商，其型号每家都不一样，所以不大可能说得很清楚、很具体。一般来说，在选用之前你要了解你想要什么样子的端子排。按接线端子排的功能分类，可分为普通端子、保险端子、试验端子、接地端子、双层端子、双层导通端子、三层端子等；按电流分类，分为普通端子(小电流端子)、大电流端子(100A 以上或 25mm^2 线以上)；按外形分类，可分为导轨式端子(如 JH1、JH2、JH5、JH9、JHY1 等)、固定式端子(如 TB、TC、X3、X5、H 系列，以及 JQH8-12、JQH8-12B、JQH8-12C)等。下面以 JD0 系列接线端子排为例说明其型号含义。

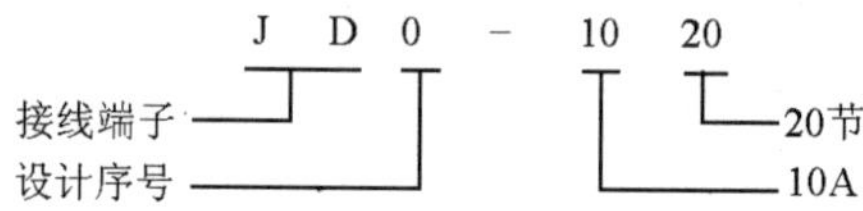

1. 接线端子排的选用

(1) 根据装置控制回路接线的需要，选配接线端子数量和功能。

（2）根据正常工作条件，选用接线端子排的额定电压不低于装置的额定电压，其额定电流不低于所在回路的额定电流。

（3）根据实际使用环境，选用接线端子排可以连接的导线数和最大截面积，通常接线端子排可连接导线的最大截面积可以降 2 个级别使用。

2. 接线端子排的安装操作规则

（1）接线端子排安装在面板时，应整齐、排列合理，布置于控制板或控制柜边缘。

（2）接线端子排的安装应牢固，其金属外壳部分应可靠接地。

（七）行程开关

行程开关又称限位开关，是一种利用生产机械某些运动部件的碰撞来发出控制指令的主令电器。其主要用于控制生产机械的运动方向、速度、行程大小或行程位置，是一种自动控制电器。行程开关的作用原理与按钮相同，区别在于它不是靠手指的按压使其触头动作，而是利用生产机械运动部件的碰撞使其触头动作，从而将机械信号转变为电信号，使运动机械按一定的位置或行程实现自动停止、反向运动、变速运动或自动往返运动。

1. 行程开关的结构及工作原理

生产机械中常用的行程开关有 LX19 和 JLXK1 等系列，各系列行程开关的基本结构大体相同，都是由操作机构、触头系统和外壳组成，如图 2-1-7 所示。以某行程开关元件为基础，装置不同的操作机构，就可得到各种不同形式的行程开关，常见的行程开关有旋转式（滚轮式）和按钮式（直动式）。JLXK1 系列行程开关的外形如图 2-1-8 所示。

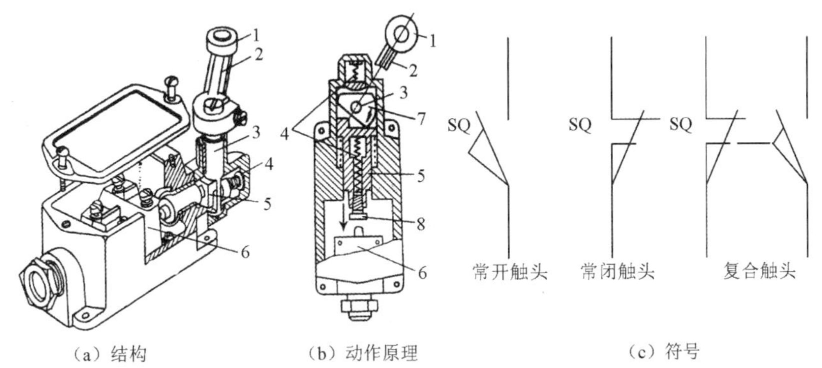

（a）结构　（b）动作原理　（c）符号

1-滚轮　2-杠杆　3-转轴　4-复位弹簧　5-撞块　6-微动开关　7-凸轮　8-调节螺钉

图 2-1-7　行程开关的结构、动作原理及符号

JLXK1 系列行程开关的动作原理如图 2-1-7(b)所示，当运动部件的挡铁碰压行程开关的滚轮 1 时，杠杆 2 连同转轴 3 一起转动，使凸轮 7 推动撞块 5，当撞块被压到一定位置时，推动微动开关 6 快速动作，使其常闭触头断开、常开触头闭合。

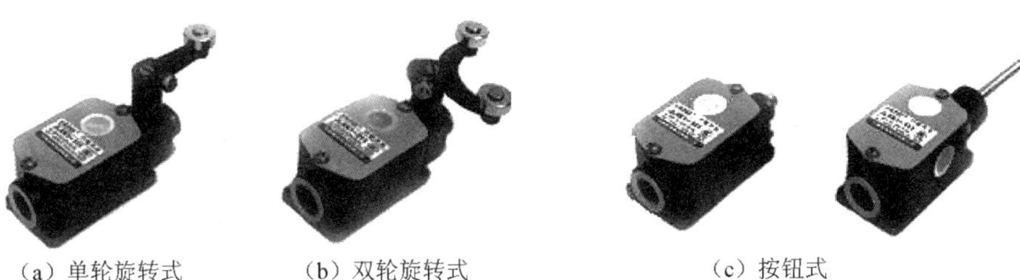

（a）单轮旋转式　（b）双轮旋转式　（c）按钮式

图 2-1-8　JLXK1 系列行程开关的外形

行程开关的触头类型有一常开一常闭、一常开二常闭、二常开二常闭等形式。动作方式可分为瞬动、蠕动和交叉从动式三种。动作后的复位方式有自动复位和非自动复位两种。

2. 行程开关的型号及含义

LX19 系列和 JLXK1 系列行程开关的型号及含义如下：

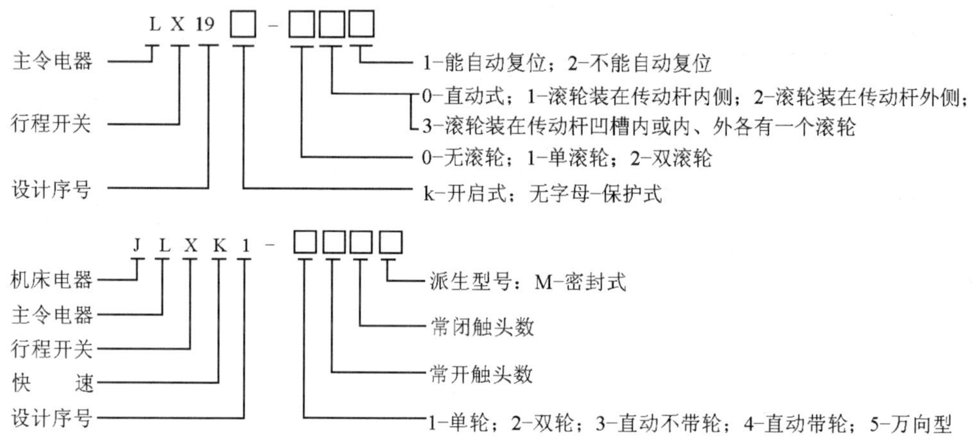

3. 行程开关的选用

行程开关的主要技术数据有型号、额定电压、触头的额定电流及触头的对数等。行程开关主要根据动作要求、安装位置及触头数量来选择。

LX19 和 JLXK1 系列行程开关的主要技术数据如表 2-1-6 所示。

表 2-1-6 LX19 和 JLXK1 系列行程开关的主要技术数据

型号	额定电压 额定电流	结构特点	触头对数		工作行程	超行程	触头转换时间
			常开	常闭			
LX19	380V，5A	元件	1	1	3mm	1mm	≤0.04s
LX19-111		单轮，滚轮装在传动杆内侧，能自动复位	1	1	约 30°	约 15°	
LX19-121		单轮，滚轮装在传动杆外侧，能自动复位	1	1	约 30°	约 15°	
LX19-131		单轮，滚轮装在传动杆凹槽内，能自动复位	1	1	约 30°	约 15°	
LX19-212		双轮，滚轮装在 U 形传动杆内侧，不能自动复位	1	1	约 30°	约 15°	
LX19-222		双轮，滚轮装在 U 形传动杆外侧，不能自动复位	1	1	约 30°	约 15°	
LX19-232		双轮，滚轮装在 U 形传动杆内、外侧各一个，不能自动复位	1	1	约 30°	约 15°	
LX19-001		无滚轮，仅有径向传动杆，能自动复位	1	1	<4mm	3mm	

续 表

型号	额定电压 额定电流	结构特点	触头对数		工作行程	超行程	触头转 换时间
			常开	常闭			
JLXK1-111	380V， 5A	单轮防护式	1	1	12～15°	≤30°	≤0.04s
JLXK1-211		双轮防护式	1	1	约 45°	≤45°	
JLXK1-311		直动防护式	1	1	1～3mm	2～4mm	
JLXK1-411		直动滚轮防护式	1	1	1～3mm	2～4mm	

4. 行程开关的安装操作规则

(1) 行程开关安装时，安装位置要准确，安装要牢固；滚轮的方向不能装反，挡铁与其碰撞的位置应符合控制电路的要求，并确保可靠与挡铁碰撞。

(2) 行程开关在使用中，要定期检查和保养，除去油垢及粉尘，清理触头，经常检查其动作是否灵活、可靠，及时排除故障。防止因行程开关触头不良或接线松脱产生误动作而导致设备和人身安全事故。

5. 行程开关的常见故障和处理方法

行程开关的常见故障和处理方法如表 2-1-7 所示。

表 2-1-7　行程开关的常见故障和处理方法

故障现象	可能的故障原因	处理方法
挡铁碰撞行程开关后，触头不动作	安装位置不正确	调整安装位置
	触头接触不良或接线松脱	清理触头或紧固接线
	触头弹簧失效	更换弹簧
杠杆已经偏转或无外界机械力作用，但触头不复位	复位弹簧失效	更换弹簧
	内部撞块卡阻	清理内部杂物
	调节螺钉太长，顶住开关按钮	检查调节螺钉

(八) 时间继电器

时间继电器是一种从得到输入信号(线圈通电或断电)起，经过一段时间延时后其触头或输出电路才动作的继电器。它广泛用于需要按时间顺序进行控制的电气控制电路中。常用的时间继电器主要有电磁式、电动式、空气阻尼式、晶体管式等。其中，电磁式时间继电器的结构简单、价格低廉，但体积和重量较大、延时较短，且只能用于直流断电延时中，常用的 JT3 系列只有 0.3～5.5s 的延时范围；电动式时间继电器的延时精度高、延时范围大(由几分钟到几小时)，但结构复杂、价格贵。目前在电力拖动电路中应用较多的是空气阻尼式时间继电器。随着电子技术的发展，近年来晶体管式时间继电器的应用日益广泛。

常见时间继电器类型及符号如图 2-1-9 所示。

图 2-1-9　常见时间继电器类型及符号

1. 时间继电器的型号及含义

JS7-A 系列空气阻尼式时间继电器的型号及含义：

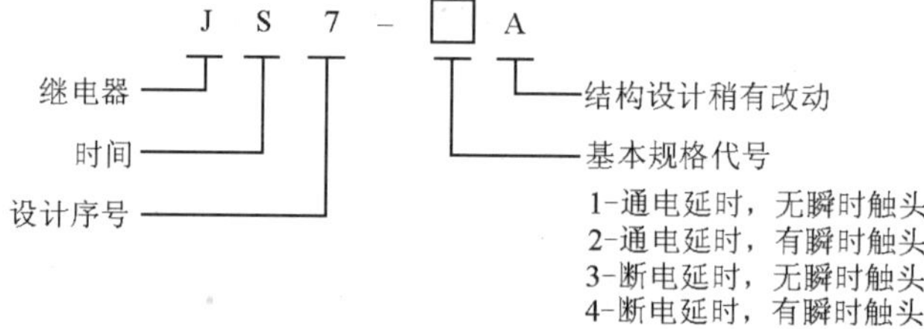

2. 时间继电器的选择

(1) 根据系统的延时范围和精度，选择时间继电器的类型和系列。在延时精度要求不高的场合，一般可选用价格较低的 JS7-A 系列空气阻尼式时间继电器；反之，对精度要求较高的场合，可选用晶体管式时间继电器。

(2) 根据控制电路的要求，选择时间继电器的延时方式(通电延时或断电延时)。同时，还必须考虑电路对瞬时动作触头的要求。

(3) 根据控制电路电压，选择时间继电器的线圈电压等级。

3. 时间继电器的安装操作规则

(1) 时间继电器应按说明书规定的方向安装(线圈的动铁芯朝下)，倾斜度不得超过 5°。

(2) 继电器的整定值应在不通电的时候整定好，并在试车时校验。

(3) 时间继电器金属底板或外壳必须可靠接地。

(4) 使用时，应经常检查、清除油污并校验延时时间，否则延时误差将增大。

(5) JS7-A 系列时间继电器可以通过转换线圈总成的方向改变延时方式。

任务二　单向连续运行控制电路的安装

一、实训目的

(1) 了解单向连续运行控制电路的工作原理。

(2) 熟悉单向连续运行控制电路的安装方法。

(3) 掌握单向连续运行控制电路故障检修技能。

二、实训内容

(一) 单向连续运行控制电路原理图

安装单向连续运行控制电路,原理图如图 2-2-1 所示。

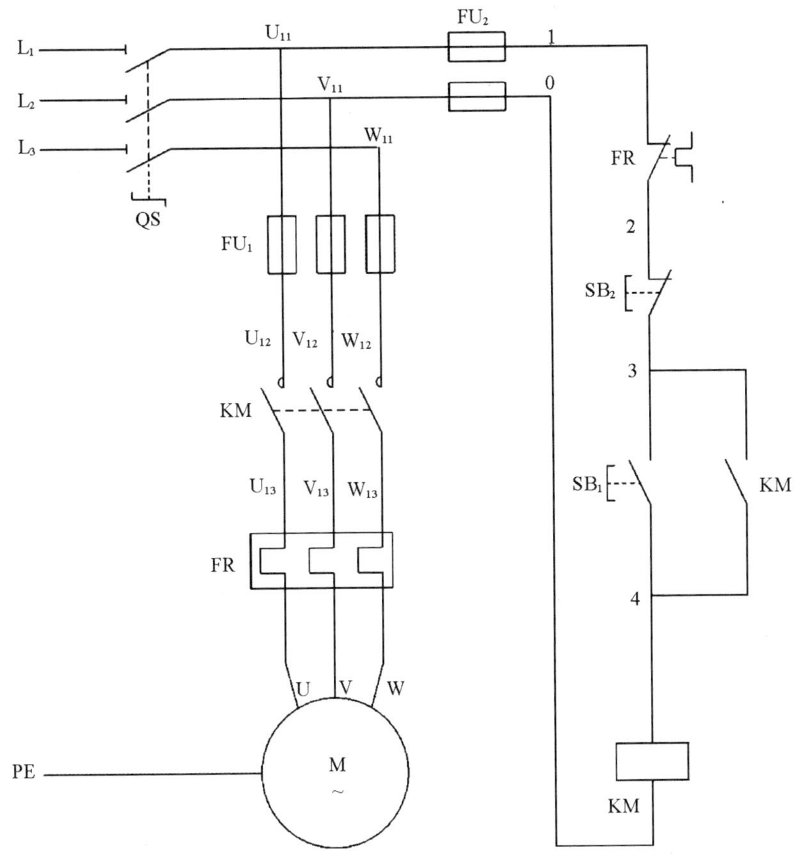

图 2-2-1 单向连续运行控制电路

(二) 元件明细

元件明细如表 2-2-1 所示。

表 2-2-1 元件明细

代号	名称	型号	规格	单位	数量	备注
M	三相异步电动机	Y132S-4	5.5kW,380V,11.6A,△接法,1440r/min	台	1	
QS	组合开关	HZ10-25/3	三极,25A	只	1	
FU_1	主电路熔断器	RL1-15	15A,配熔体 15A	只	3	
FU_2	控制电路熔断器	RL1-15	15A,配熔体 5A	只	2	
KM	交流接触器	CJ10-20	20A,线圈电压 380V	只	1	

续 表

代号	名称	型号	规格	单位	数量	备注
FR	热继电器	JR16-20	热元件整定电流 11.6A	只	1	
SB	按钮	LA10-2H	两挡按钮	只	1	
XT_1	主电路接线端子	JX2-2010	20A，10 格	条	1	
XT_2	控制电路接线端子	JX2-1010	10A，10 格	条	1	
	主电路导线	BV2.5	2.5mm^2 单股绝缘铜芯线			
	控制电路导线	BV1.5	1.5mm^2 单股绝缘铜芯线			
	电动机引线					
	电源引线					
	电源引线插头					
	按钮线	BVR0.75	0.75mm^2 多股绝缘铜芯线			
	接地线					
	自攻螺丝					
	编码套管					
	U 形接线鼻					
	配线板		木质或金属配电板			

（三）电路原理分析

如图 2-1-1 所示，先合上电源开关 QS，其电路工作原理如下：

（1）启动：

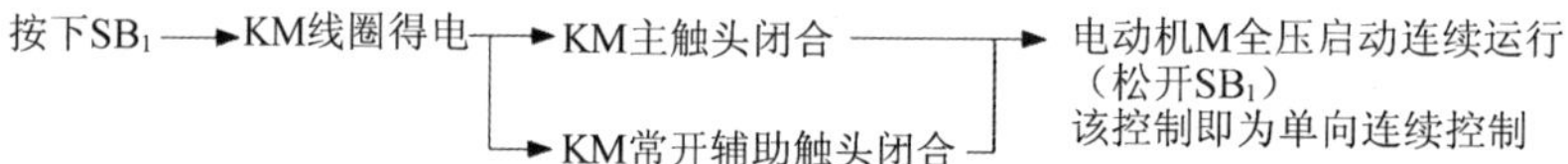

（2）停止：

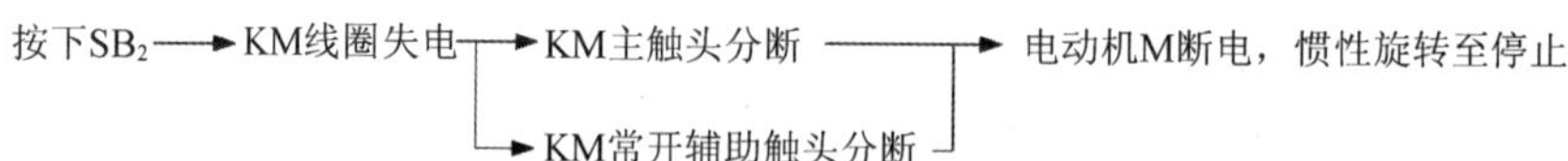

三、实训步骤及要求

（1）识读电气原理图，熟悉电路所用元件作用和电路工作原理。

（2）按表 2-2-1 配齐所用元件，并检验：

①元器件的技术参数是否符合要求，外观应无损伤，备件、附件应齐全完好。

②运动部件动作是否灵活、有无卡阻等不正常现象，用万用表检查电磁线圈及触头的分合情况。

（3）绘制平面布置图，经老师检查合格后，在控制板上按布置图固装元器件，并贴上醒目的文字符号，如图 2-2-2 所示。

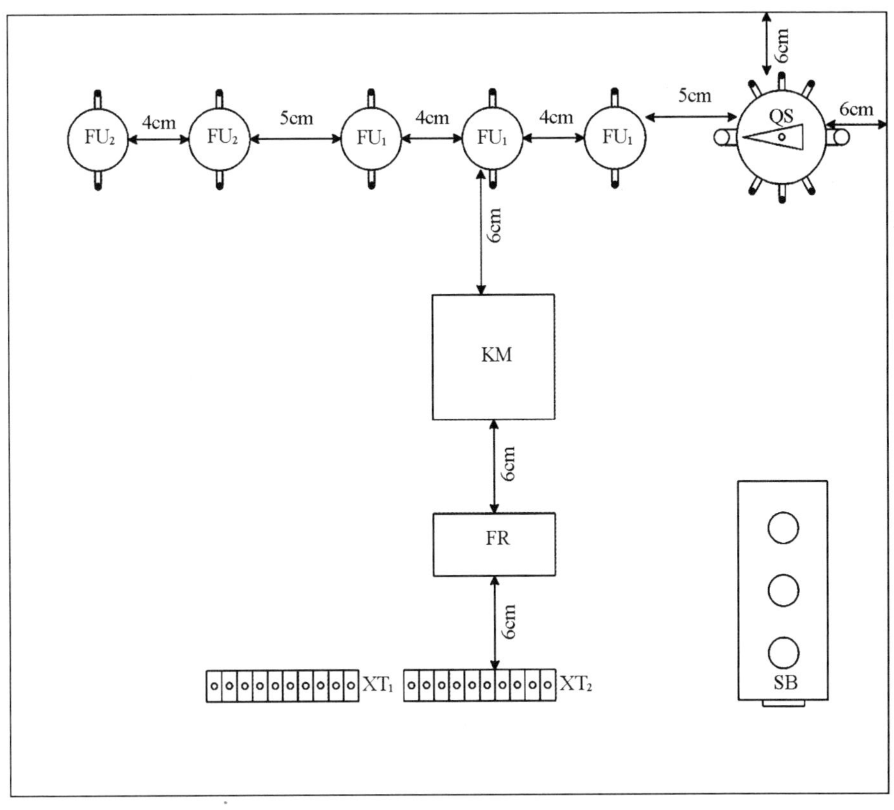

图 2-2-2 单向连续运行元件布置

工艺要求如下：

①组合开关、熔断器的受电端应安装在控制的外侧，并使螺旋式熔断器的受电端为底部的中心端。

②各元件的安装位置应整齐、匀称，间距合理，便于元件更换。

③紧固时，用力要均匀，紧固程度适中。

(4) 按图接线。

工艺要求如下：

①布线通道尽可能少。同路并行导线按主、控回路分类集中，单层密排，紧贴安装面布线。

②同一平面的导线应高低、前后一致，不能交叉。非交叉不可时，该导线应在接线端子引出时就水平架空跨线，但必须走线合理。

③布线应横平竖直，分布均匀；变换走向时，应垂直。

④布线时，严禁损伤导线绝缘和线芯。

⑤接线顺序一般以接触器为中心，按由里向外、由低到高、先控制电路后主电路的顺序进行，以不妨碍后续布线为原则。

⑥每根剥去绝缘层导线的两端套上线号管。所有从一个接线端子到另一个接线端子的导线必须连续，中间无接头。

⑦导线与接线端子或接线桩的连接线，不得松动、压绝缘、反圈、露铜过长等。

⑧同一元件、同一回路的不同接点的导线间距应保持一致。

⑨元器件的每个接线端子上的连接导线不得多于两根。每一个接线端子排上的连接导线一般只允许接一根。

(5) 根据电路图,检查控制板布线的正确性。

(6) 自检。

安装完毕后,必须经过认真检查以后,才允许通电试车,以防止错接、漏接造成短路事故或不能正常运行。

①首先检查主电路的接线,通常结合原理图逐一检查接线的正确性及接点的安装质量,以及接触器主触头的分合状况有无异常现象。

②正转控制电路的自检采用万用表电阻挡自检法。将万用表转换开关打到电阻 $R\times10$ 或者 $R\times100$ 挡并进行欧姆调零,然后测量同型号未安装使用和接线的接触器线圈电阻并记录其电阻值,目的是在后面的万用表自检过程中能根据万用表显示的电阻值结合控制电路图进行正确的分析和判断。

• 启动功能的检查:用万用表两表笔测量控制回路熔断器下接线桩的电阻值,正常情况下电阻值应该为无穷大,再按下启动按钮 SB_1(按住不放)。此时万用表显示的电阻值应该为接触器线圈的电阻值,表明控制电路能在按下启动按钮的情况下启动,并且该显示阻值只会比记录的电阻值略大,因为电路中还串联有按钮及其他接点的接触电阻。

• 自锁功能的检查:和第一步测量时有所不同,我们用螺丝刀或者其他工具小心按下接触器的整个触头架,注意不要损伤器件,模拟接触器线圈得电以后的触头系统吸合。此时若观察到万用表显示的阻值与检查启动时的显示阻值相近,则说明控制电路启动后接触器能自锁。

• 停止功能的检查:读者可自行分析。

由于该控制电路比较简单,如若出现其他异常情况,读者可根据自己所掌握的电气方面的相关知识自行分析做出判断,这里不再展开分析。

(7) 校验。

(8) 连接电动机及保护接地线。

(9) 连接电源。

(10) 通电试车。

为保证人身安全,在通电试车时,要认真执行《电工安全作业规程》。教师监护,一人操作。试车前,应仔细检查与试车有关的电气设备是否有不安全因素,若有,应立即整改,然后才能试车。

①通电试车前,必须征得指导教师同意并监护,由教师接通电源。学生合上电源开关 QS 后,用电笔验电,按下 SB_1 观察接触器情况是否正常、电动机运行是否正常等,但不得对电路带电检查。试车过程中若发现异常,应立即断电、停车,SB_1 按下后正常,可按 SB_2 停车,然后按 SB_3 试点动运行情况。

②试车成功率以通电后按下按钮起计算。

③出现故障后,学生应独立进行检修。若带电检查,必须由教师在旁监护。

④试车完毕,停车、断电。先拆电源线,后拆电动机线。

(11) 完成实训报告。

四、实训注意事项

(1) 进入实训场地,必须穿戴好劳保用品。
(2) 安装时,用力不可太猛,以防螺钉打滑,扎伤手指。
(3) 试车时,应符合试车顺序,并严格遵守安全规程。
(4) 人体与电动机旋转部分应保持适当距离。

五、成绩评定

成绩评定结果可填入表 2-2-2 中。

表 2-2-2 成绩评定结果

项目内容	配分	评分标准		扣分	得分
工具仪表	5 分	工具、仪表少选或错选,每个扣 2 分			
元器件选择	15 分	选错型号和规格,每个扣 2 分 选错元器件数量,每个扣 1 分 规格没有写全,每个扣 1 分 型号没有写全,每个扣 1 分			
装前检查	5 分	元器件漏检或错检,每处扣 1 分			
安装布线	35 分	电器布置不合理,扣 5 分 元器件安装不牢固,每只扣 4 分 元器件安装不整齐、不匀称、不合理,每只扣 3 分 损坏元件,扣 15 分 不按图接线,扣 15 分 布线不符合要求:主电路,每根扣 4 分;控制电路,每根扣 2 分 接点不符合要求,每个扣 1 分 漏套或套错编码套管,每个扣 1 分 损伤导线绝缘或线芯,每根扣 4 分 漏接接地线,扣 10 分			
通电试车	40 分	热继电器未整定或整定错,扣 5 分 第一次试车不成功,扣 20 分 第二次试车不成功,扣 30 分 第三次试车不成功,扣 40 分			
安全文明生产	—	违反安全文明生产规程,扣 5~40 分			
练习时间	—	共 120 分钟,每超过 5 分钟扣 5 分,超时不足 5 分钟按 5 分钟计算			
合计	100 分	开始时间:	结束时间:		

注:总分 100 分,安全文明生产可以实施倒扣分,其他项目扣分不超过其配分。

任务三　双重连锁正反转控制电路的安装

一、实训目的

(1) 了解双重连锁正反转控制电路的工作原理。
(2) 熟悉双重连锁正反转控制电路的安装方法。
(3) 掌握双重连锁正反转控制电路故障检修技能。

二、实训内容

(一) 双重连锁正反转控制电路原理图

安装双重连锁正反转控制电路，原理图如图 2-3-1 所示。

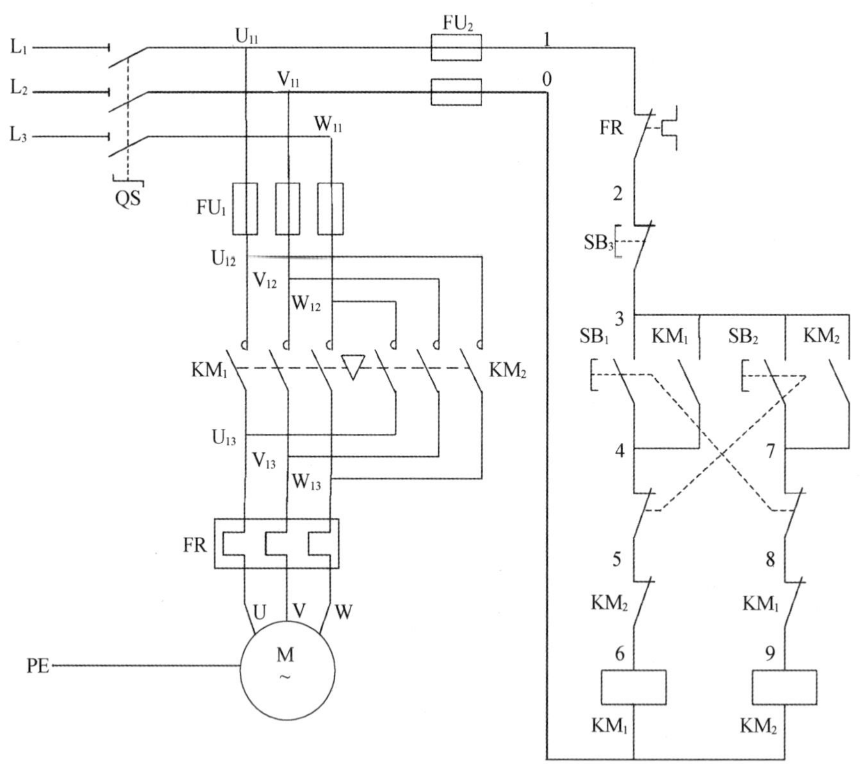

图 2-3-1　双重连锁正反转控制电路

(二) 电路原理分析

如图 2-3-1 所示，先合上电源开关 QS，其电路工作原理如下：

(1) 正转启动运转：

按下SB_1 →
- SB_1常闭触头先分断对KM_2连锁
- SB_1常开触头后闭合 → KM_1线圈得电 →
  - KM_1连锁触头分断对KM_2连锁
  - KM_1自锁触头闭合自锁 → 电动机M全压正转连续运行
  - KM_1主触头闭合 → 电动机M全压正转连续运行

(2)反转控制：

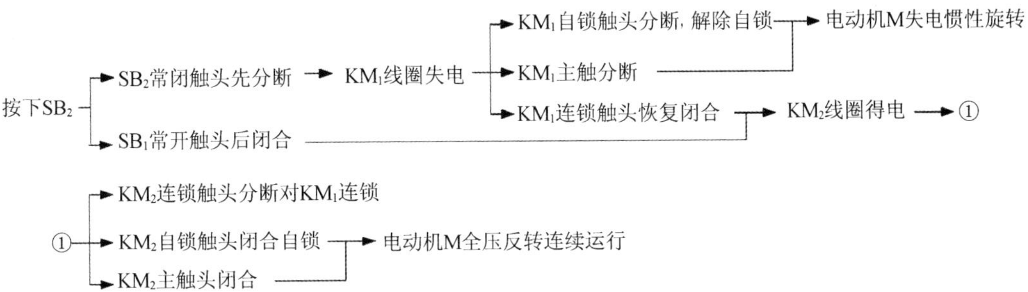

若要停止，按下 SB_3，则整个控制电路失电，主触头分断，电动机失电。

三、实训步骤

(1) 识读电气原理图，并按电动机功率选择元器件。

(2) 准备所需元器件，并检验。

(3) 绘制平面布置图，经老师检验合格后，在控制板上按图排列、固定元器件，并贴上醒目的文字符号。双重连锁正反转控制电路元件布置和接线图如图 2-3-2 所示。

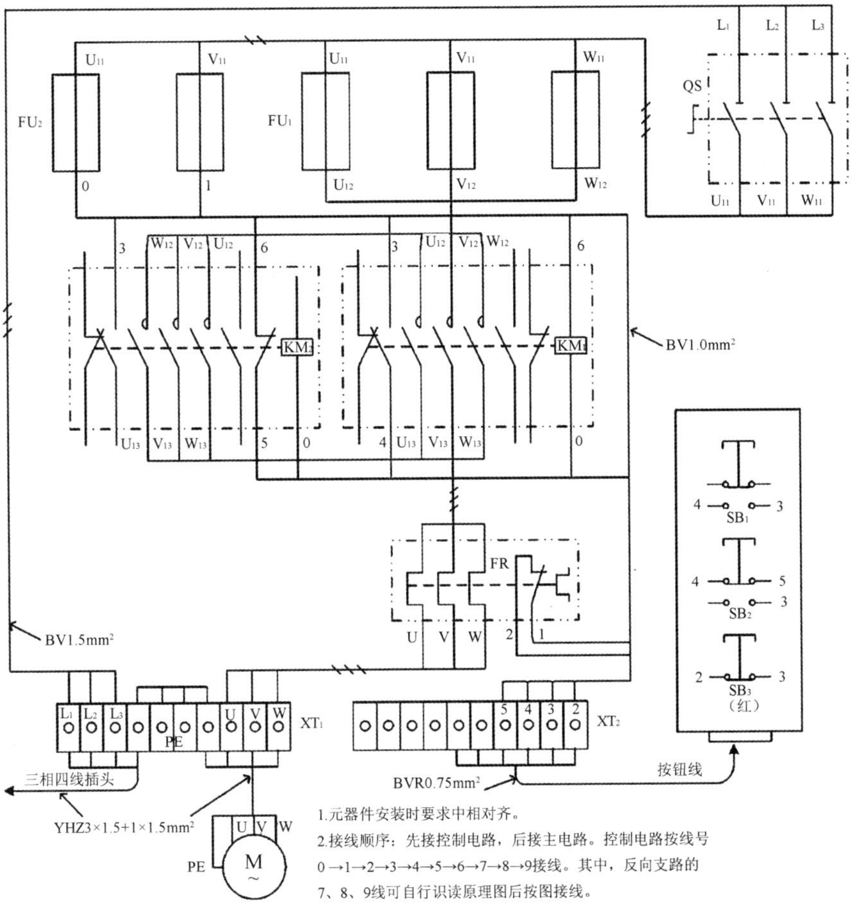

1.元器件安装时要求中相对齐。
2.接线顺序：先接控制电路，后接主电路。控制电路按线号0→1→2→3→4→5→6→7→8→9接线。其中，反向支路的7、8、9线可自行识读原理图后按图接线。

图 2-3-2　双重连锁正反转控制电路元件布置和接线

(4) 按图接线(安装工艺和要求同模块二任务二)。

(5) 根据电路图,检查控制板布线的正确性。

(6) 连接电动机及保护接地线。

(7) 自检、校验。

①控制电路安装完毕后,首先检查主电路的接线,通常结合原理图逐一检查接线的正确性及接点的安装质量,以及接触器主触头的分合状况有无异常现象。

②控制电路的自检采用万用表电阻挡自检法。将万用表转换开关打到电阻 $R\times10$ 或者 $R\times100$ 挡并进行欧姆调零,然后测量同型号未安装使用和接线的接触器线圈电阻并记录其电阻值,目的是在后面的万用表自检过程中能根据万用表显示的电阻值结合控制电路图进行正确的分析和判断。

• 启动功能的检查:用万用表两表笔测量控制回路熔断器下接线桩的电阻值,正常情况下电阻值应该为无穷大,再按下启动按钮 SB_1(按住不放)。此时万用表显示的电阻值应该为正转回路接触器 KM_1 线圈的电阻值,用该方法检查反转回路 KM_2 的阻值,表明控制电路能在按下启动按钮的情况下启动,并且该两项显示阻值只会比记录的电阻值略大,因为电路中还串联有按钮及其他接点的接触电阻。

• 自锁功能的检查:我们用螺丝刀或者其他工具小心按下接触器 KM_1 的整个触头架,注意不要损伤器件,模拟接触器线圈得电以后的触头系统吸合。此时若观察到万用表显示的阻值与检查启动时的显示阻值相近,则说明控制电路启动后接触器 KM_1 能自锁。用同样方法检查 KM_2 回路电阻。

• 连锁功能的检查:一前一后按下 SB_1 和 SB_2,万用表显示的先是一个接触器的线圈阻值,随后随着两个按钮的按下,阻值为无穷大。同样的,一前一后按下两个接触器 KM_1 和 KM_2 的触头架,万用表显示的先是一个接触器的线圈阻值,随后随着两个接触器触头架的按下,阻值为无穷大。两项检查正常的话,表示双重连锁功能正常。

• 停止功能的检查:读者可自行分析。

(8) 连接电源、通电试车。

(9) 整理板面和工位。

(10) 完成实训报告。

四、实训注意事项

(1) 进入实训场,必须穿戴好劳保用品。

(2) 安装时,用力不要太猛,以防螺钉打滑,扎伤手指。

(3) 试车时,应符合试车顺序,并严格遵守安全规程。

(4) 人体与电动机旋转部分保持适当距离。

(5) 故障检修时,执行停电作业。

(6) 注意主回路的换相问题。

五、成绩评定

成绩评定中的具体评分标准同模块二任务二。

任务四　工作台自动往返控制电路的安装

一、实训目的

(1) 掌握自动往返控制电路的工作原理。
(2) 熟悉自动往返控制电路的安装方法。
(3) 掌握自动往返控制电路故障检修技能。

二、实训内容

(一) 工作台自动往返控制电路原理图

安装工作台自动往返控制电路,原理图如图 2-4-1 所示。

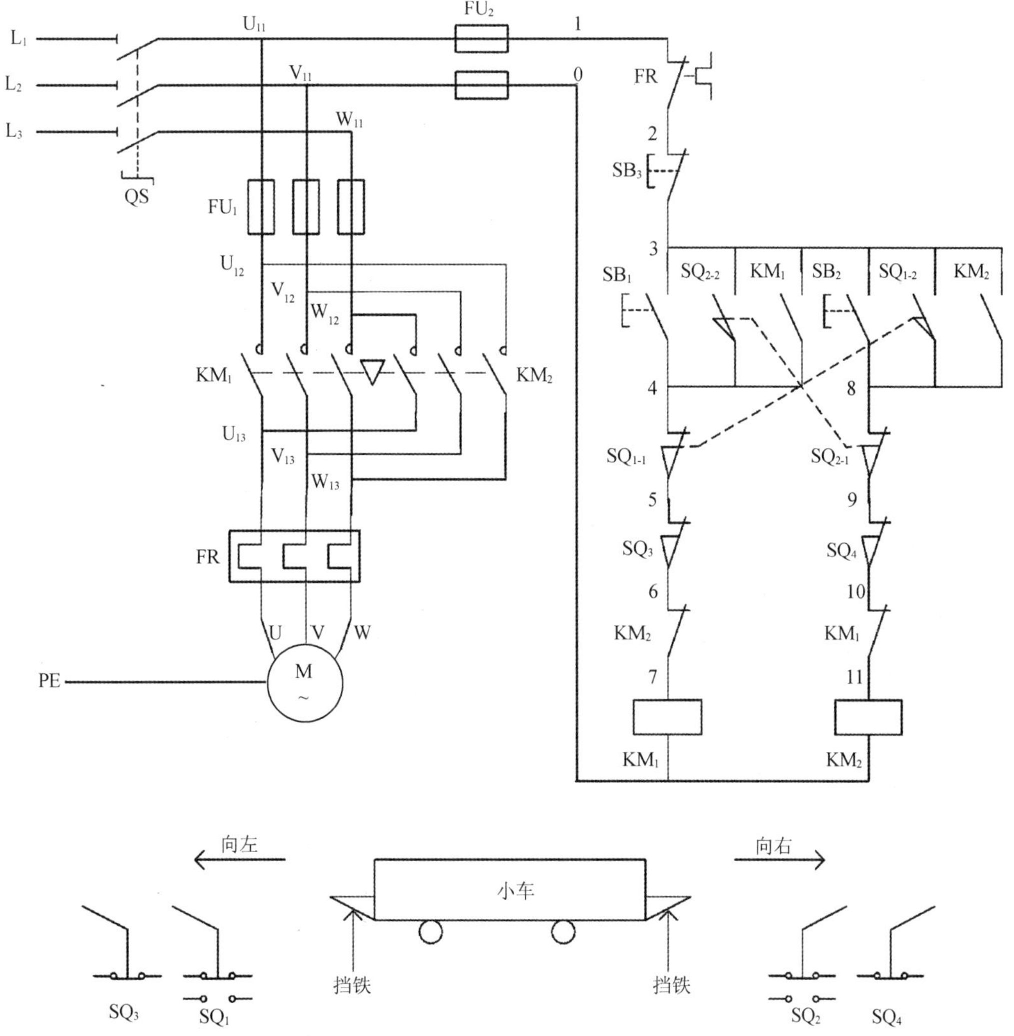

图 2-4-1　工作台自动往返控制电路

（二）电路原理分析

（1）小车自动往复运动过程：

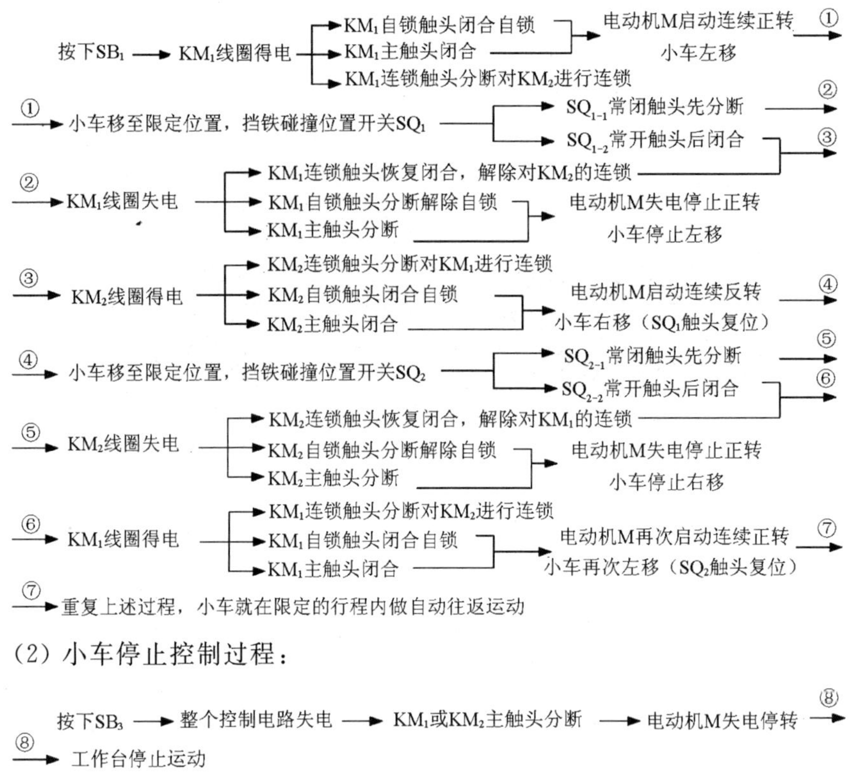

（2）小车停止控制过程：

（3）控制线路中 SQ_3、SQ_4 为小车左右终端保护。其工作原理读者可自行分析。

这里 SB_1、SB_2 分别作为正转启动按钮和反转启动按钮，若启动时小车在工作台的左端（即压合 SQ_1 时），应按下 SB_2 进行启动。

三、实训步骤

（1）识读电气原理图，并按电动机功率选择元器件。

（2）准备所需元器件，并检验。

（3）绘制平面布置图，经老师检验合格后，在控制板上按图排列、固定元器件，并贴上醒目的文字符号。电路元件布置和接线图如图 2-4-2 所示。

（4）按图接线，先接控制电路，后接主电路（安装工艺和要求同模块二任务二）。

①行程开关安装时，安装位置要准确，安装要牢固；滚轮的方向不能装反，挡铁与其碰撞的位置应符合控制电路的要求，并确保可靠与挡铁碰撞。

②行程开关在使用中，要定期检查和保养，除去油垢及粉尘，清理触头，经常检查其动作是否灵活、可靠，及时排除故障。防止因行程开关触头不良或接线松脱产生误动作，而导致设备和人身安全事故。

（5）根据电路图，检查控制板布线的正确性。

（6）自检、校验。

自检前的准备工作、正反转启动及其接触器连锁部分的自检可参照模块二任务二进行，

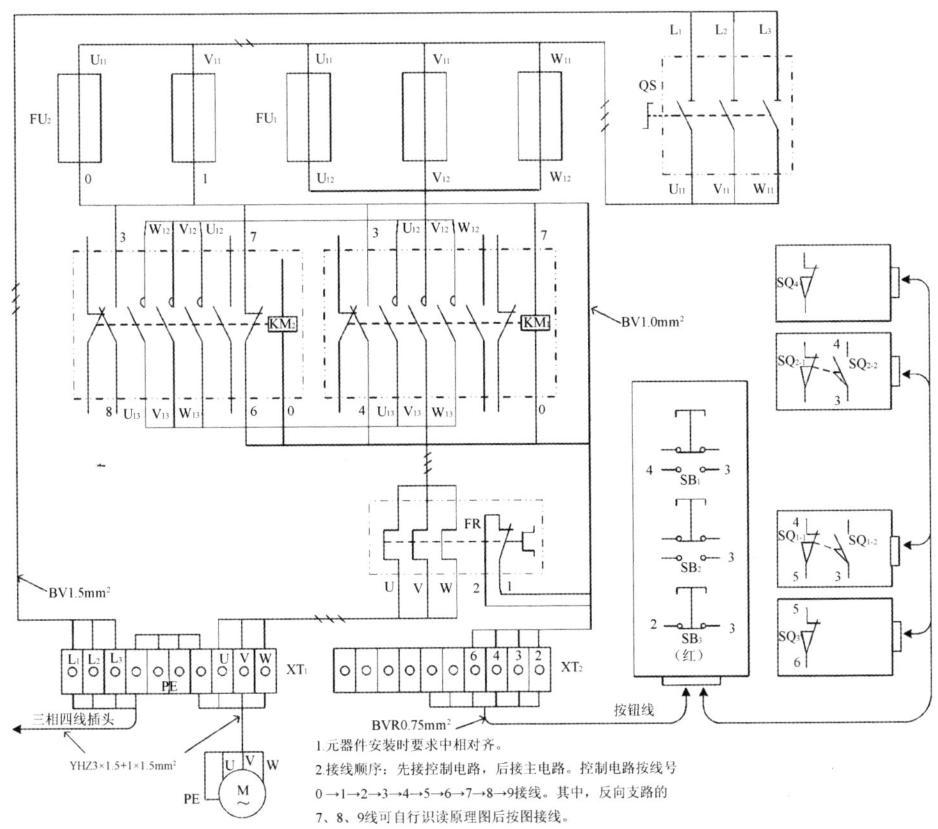

图 2-4-2　工作台自动往返控制电路元件布置和接线

这里不再讨论。

①往返功能的自检：假设 KM_1 得电（按下 KM_1 触头架），电动机正转工况下，万用表阻值显示应为一个线圈电阻，小车向右运行，当小车行进到 SQ_2 位置时，小车的挡铁压合 SQ_2（可以用手模拟压合，带电试验时应首先检测行程开关外壳是否带电）。此时正转回路 KM_1 应该能够首先被切断，万用表阻值显示无穷大，松开按下的 KM_1 触头架，万用表阻值又显示一个接触器的阻值（KM_2 线圈阻值）。随后按下 KM_2 的触头架，用同样方法测量当小车向左运行时的往返功能。该项测试正常的话，表示控制电路能自动往返。

②终端保护功能的自检：在 KM_1 或 KM_2 工作时，只要用手模拟压合 SQ_3 或者 SQ_4，该电路都应停止工作，表现在万用表的阻值显示应为无穷大。

其他方面的电路功能的自检，读者可自行分析。

(7) 连接电动机及保护接地线。

(8) 连接电源、通电试车。

(9) 整理板面和工位。

(10) 完成实训报告。

四、实训注意事项

(1) 进入实训场，必须穿戴好劳保用品。

(2) 安装时，用力不要太猛，以防螺钉打滑，扎伤手指。
(3) 试车时，应符合试车顺序，并严格遵守安全规程。
(4) 人体与电动机旋转部分保持适当距离。
(5) 故障检修时，执行停电作业。
(6) 要注意 SQ_1、SQ_2、SQ_3、SQ_4 四个行程开关的安装位置。

五、成绩评定

成绩评定中的具体评分标准同模块二任务二。

任务五　Y-△降压启动控制电路的安装

一、实训目的

(1) 了解 Y-△自动降压启动控制电路的工作原理。
(2) 熟悉 Y-△自动降压启动控制电路的安装方法。
(3) 掌握 Y-△自动降压启动控制电路故障检修技能。

二、实训内容

(一) Y-△自动降压启动控制电路原理图

安装 Y-△自动降压启动控制电路，原理图如图 2-5-1 所示。

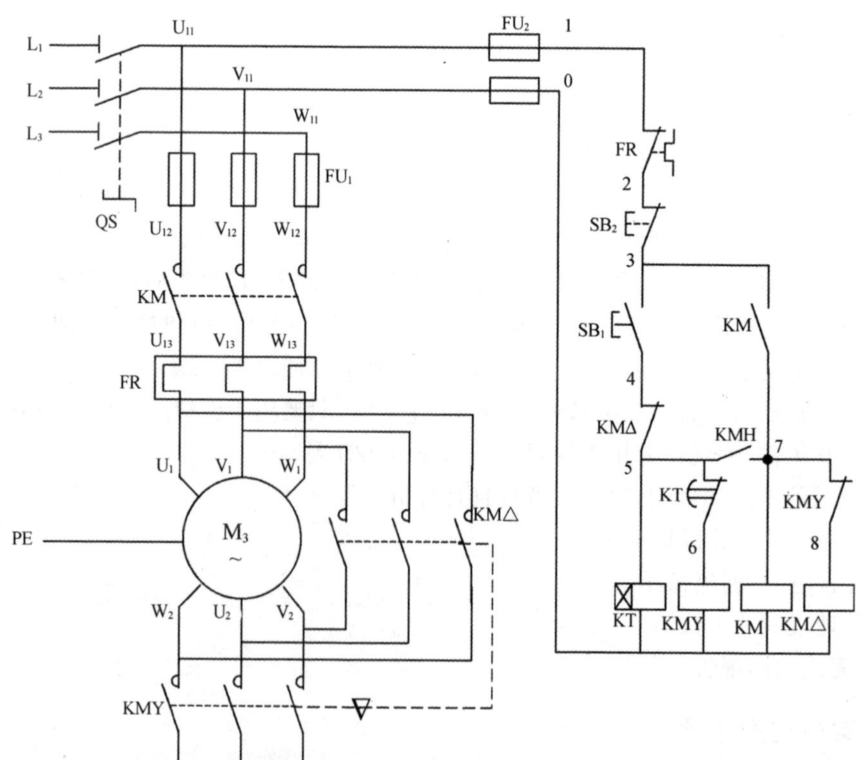

图 2-5-1　Y-△自动降压启动控制电路

（二）电路原理分析

如图 2-5-1 所示，先合上电源开关 QS，Y-△自动降压启动控制电路的工作原理如下：

（1）启动：

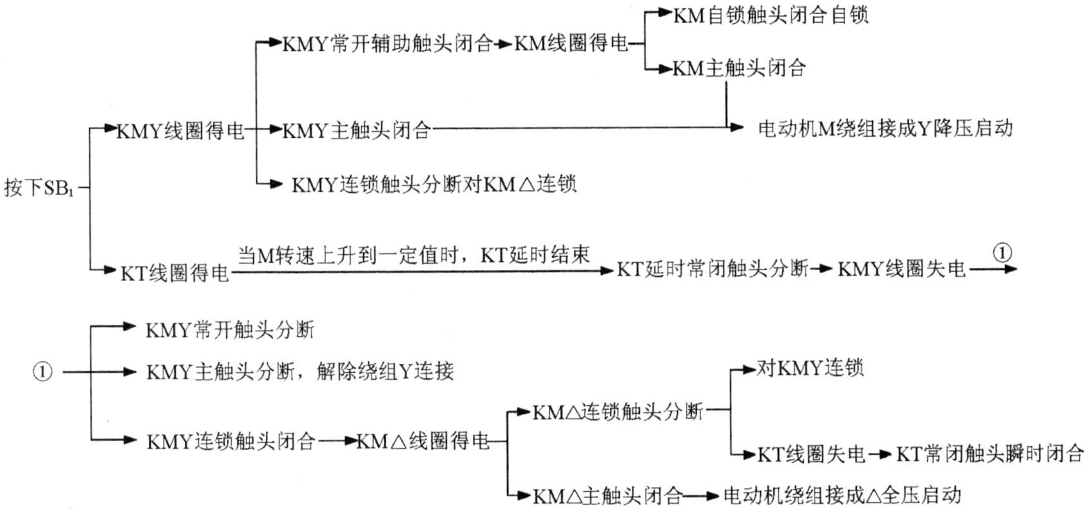

（2）停止时，按下 SB_2 即可。

三、实训步骤

（1）识读电气原理图，并按电动机功率选择元器件。

（2）准备所需元器件，并检验。

（3）绘制平面布置图，经老师检验合格后，在控制板上按图排列、固定元器件，并贴上醒目的文字符号。电路元件布置和接线图如图 2-5-2 所示。

（4）按图接线（安装工艺和要求同模块二任务二）。

（5）根据电路图，检查控制板布线的正确性。

（6）连接电动机及保护接地线。

（7）自检、校验。

自检前的准备工作、接触器线圈电阻、时间继电器线圈电阻的测量、校验可参照模块二任务二进行，这里不再讨论。

①启动功能的检查：按下启动按钮 SB_1（按住不放），万用表显示的应为 KT 和 KMY 线圈的并联电阻。同时再按下 KMY 的触头架，此时显示的电阻应有明显减小，为 KT、KMY 和 KM 三个线圈的并联电阻值。此电阻值不应过小，要区分是否是具有 KMY 与 KM△的连锁关系。若符合该项检测目标，则电路能启动。

②自锁功能的检查：按下 KM 的触头架，万用表显示的电阻值应为 KM 与 KM△的并联电阻值。

③Y→△的转换功能检查：按下启动按钮 SB_1（按住不放），动作时间继电器 KT，延时时间到了以后显示的电阻值应增大，指示为时间继电器 KT 的电阻值。该项检查符合即表明启动后能从 Y 形启动环节退出，结合自锁功能检查可以得出具备 Y→△的转换功能。

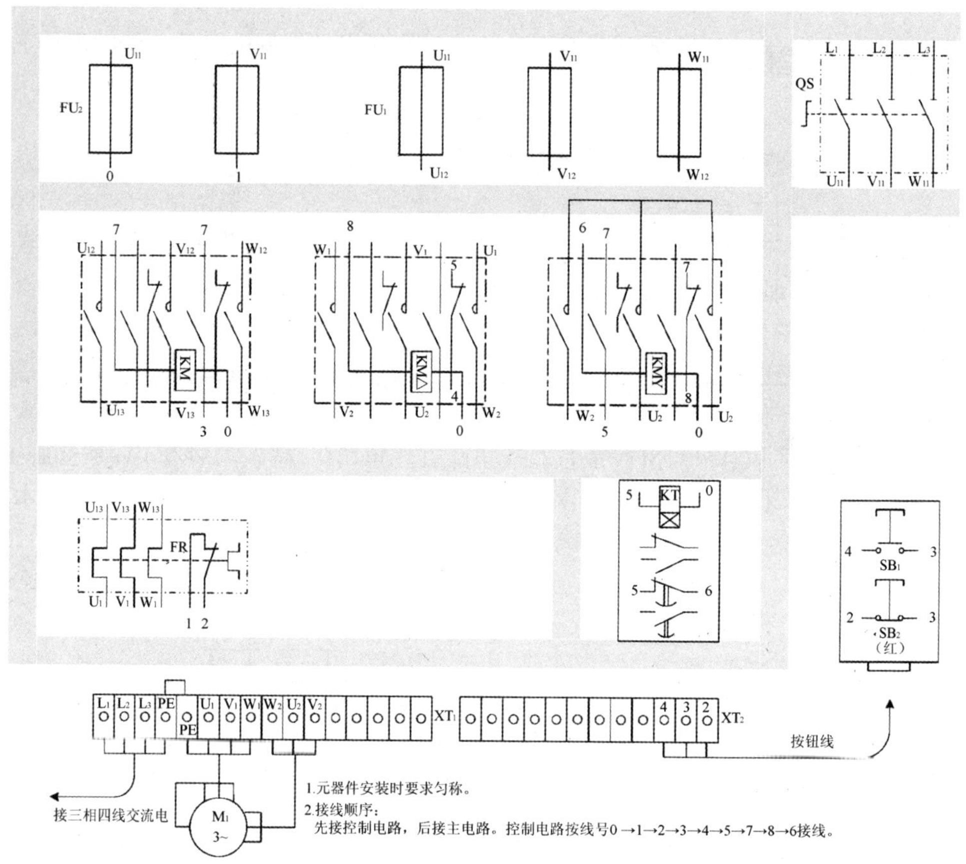

图 2-5-2　Y-△自动降压启动控制电路元件布置和接线

④△形正常运行后的防误操作再次启动检查，读者可以自行分析。

(8) 连接电源、通电试车。

(9) 整理板面和工位。

(10) 完成实训报告。

四、实训注意事项

(1) 进入实训场，必须穿戴好劳保用品。

(2) 安装时，用力不要太猛，以防螺钉打滑，扎伤手指。

(3) 试车时，应符合试车顺序，并严格遵守安全规程。

(4) 人体与电动机旋转部分保持适当距离。

(5) 故障检修时，执行停电作业。

(6) 注意主回路的换相问题。

五、成绩评定

成绩评定中的具体评分标准同模块二任务二。

任务六　双速异步电动机手动、自动调速控制电路的安装

一、实训目的

(1) 了解双速电动机控制电路的工作原理。
(2) 熟悉双速电动机控制电路的安装方法。
(3) 掌握双速电动机控制电路故障检修技能。

二、实训内容

(一) 双速异步电动机手动、自动调速控制电路原理图

安装双速异步电动机手动、自动调速控制电路,原理图如图 2-6-1 所示。

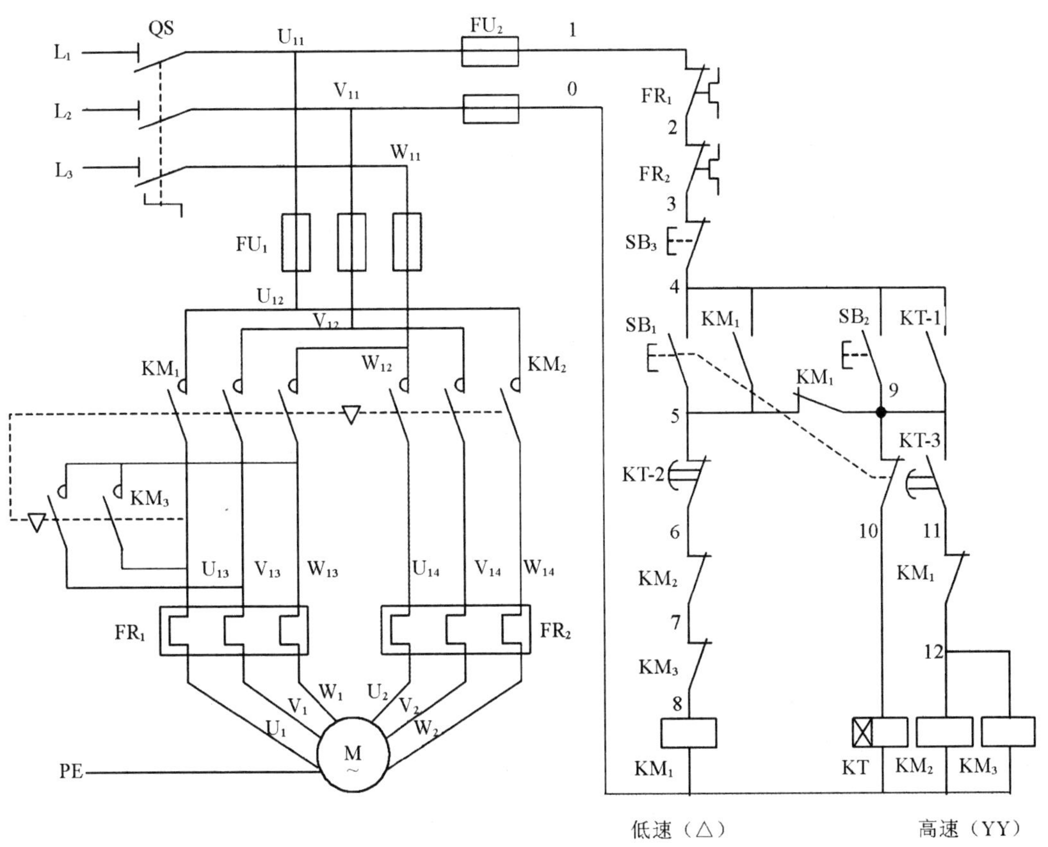

图 2-6-1　双速异步电动机手动、自动调速控制电路

(二) 电路原理分析

如图 2-6-1 所示,先合上电源开关 QS,双速异步电动机手动、自动调速控制电路的工作原理如下:

（1）△形低速启动运转：

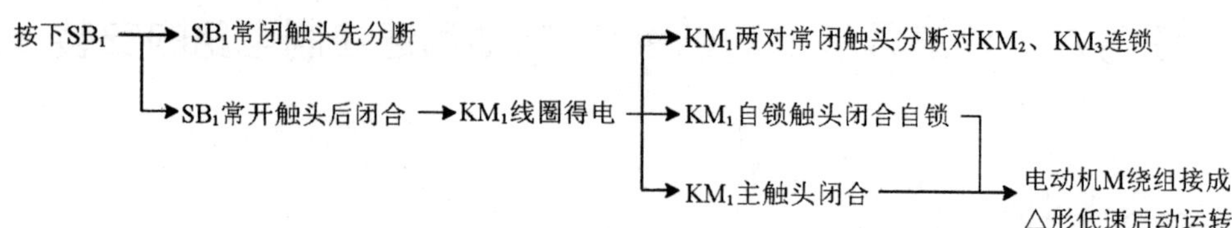

（2）YY 形高速运转：

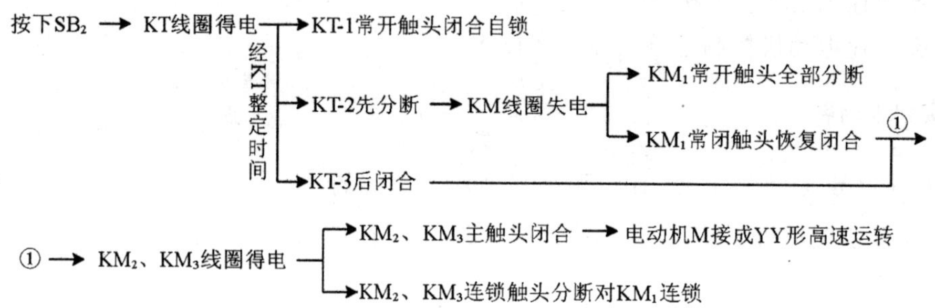

（3）停止时，按下 SB_3 即可。

当电动机只需高速运转时，可直接按下 SB_2，则电动机先△形低速启动，经延时自动进入 YY 高速运转。

三、实训步骤

（1）识读电气原理图，并按电动机功率选择元器件。

（2）准备所需元器件，并检验。

（3）绘制平面布置图，经老师检验合格后，在控制板上按图排列、固定元器件，并贴上醒目的文字符号。电路元件布置和接线图如图 2-6-2 所示。

（4）按图接线（安装工艺和要求同模块二任务二）。

（5）根据电路图，检查控制板布线的正确性。

（6）连接电动机及保护接地线。

（7）自检、校验（万用表电阻法）。

（8）连接电源、通电试车。

（9）整理板面和工位。

（10）完成实训报告。

四、实训注意事项

（1）进入实训场，必须穿戴好劳保用品。

（2）安装时，用力不要太猛，以防螺钉打滑，扎伤手指。

（3）试车时，应符合试车顺序，并严格遵守安全规程。

（4）人体与电动机旋转部分保持适当距离。

（5）故障检修时，执行停电作业。

（6）注意主电路的相位问题。

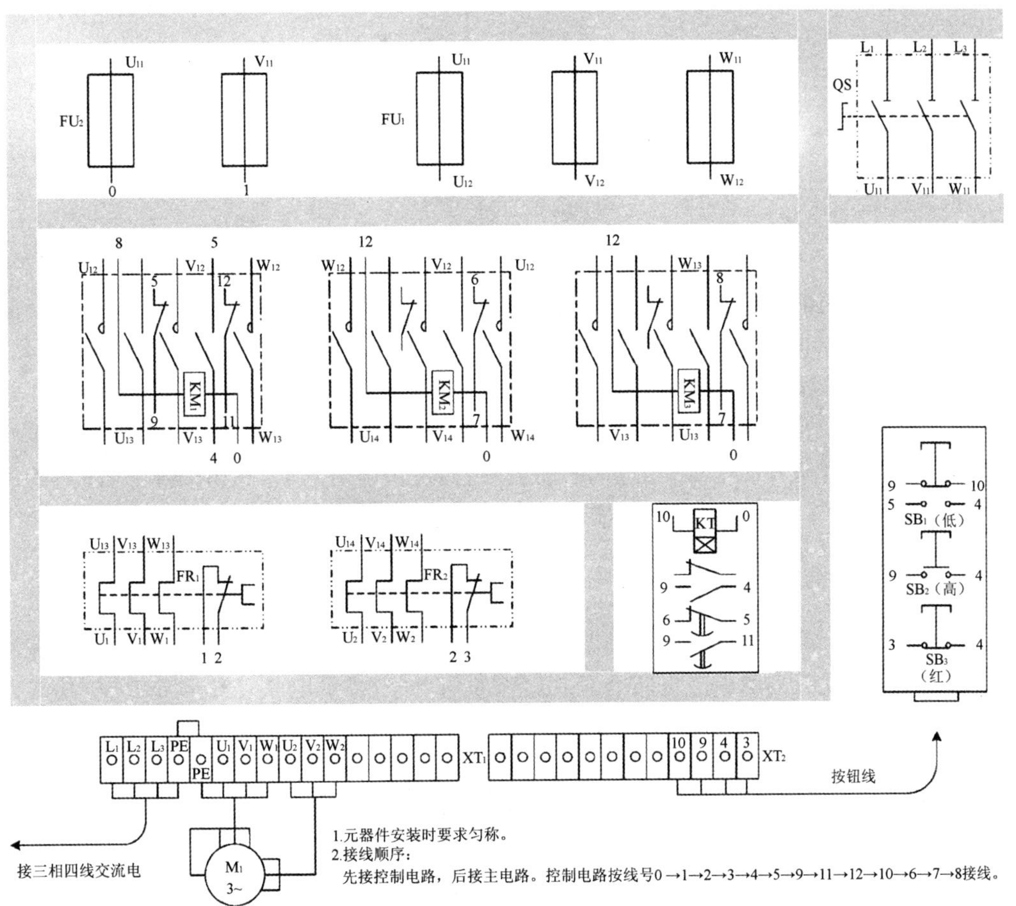

图 2-6-2 双速异步电动机手动、自动调速控制电路元件布置和接线

五、成绩评定

成绩评定中的具体评分标准同模块二任务二。

模块三　机床电气控制电路的故障诊断与分析

在学习了常用低压电器、电气控制电路安装的基础上，本模块将通过对 X62W 万能铣床、T68 镗床、20/5 吨桥式起重机等具有代表性的机床控制电路的学习，进行归纳推敲，抓住各类机床的特殊性与普遍性，重点学会阅读、分析机床电气控制电路的原理图；学会常见故障的分析方法以及维修技能，举一反三，触类旁通。一旦机床在运行时发生故障，检修人员首先要对其进行认真的检查，经过周密的思考，做出正确的判断，找出故障源，然后着手排除故障，并且通过练习来提高学生在实际工作中解决问题的能力。

一、如何阅读机床电气原理图

掌握了阅读原理图的方法和技巧，对于分析电气电路、排除机床电路故障是十分有意义的。机床电气原理图一般由主电路、控制电路、照明电路、指示电路等几部分组成，其阅读方法如下。

（一）主电路的分析

阅读主电路时，关键是先了解主电路中有哪些用电设备，主要所起的作用，由哪些电器来控制，采取哪些保护措施等。

（二）控制电路的分析

阅读控制电路时，根据主电路中接触器的主触点编号，快速找到相应的线圈以及控制电路，并依次分析出电路的控制功能。从简单到复杂，从局部到整体，最后综合起来分析，就可以全面读懂控制电路。

（三）照明电路的分析

阅读照明电路时，主要查看变压器的变比、灯泡的额定电压等。

（四）指示电路的分析

阅读指示电路时，要了解这部分的内容，很重要的一点是：当电路正常工作时，是机床正常工作状态的指示；当机床出现故障时，是机床故障信息反馈的依据。

二、机床电气控制电路故障的一般分析方法

（一）修理前的调查研究

1. 问

询问机床操作人员，故障发生前后的情况如何，有利于根据电气设备的工作状况来判断发生故障的部位，分析出故障的原因。

2. 看

观察熔断器内的熔体是否熔断，其他电气元件是否有烧毁、发热、断线、导线连接螺钉松动等情况，触点是否氧化、积尘等。要特别注意高电压、大电流的地方，活动机会多的部位，容易受潮的接插件等。

3. 听

电动机、变压器、接触器等，正常运行时的声音和发生故障时的声音是有区别的，听声音是否正常，可以帮助寻找故障的范围、部位。

4. 摸

电动机、电磁线圈、变压器等发生故障时，温度会显著上升，可切断电源后用手去触摸判断元件是否正常。

不论电路通电还是断电，要特别注意不能用手直接去触摸金属触点，必须借助仪表来测量。

（二）从机床电气原理图进行分析

首先熟悉机床的电气控制电路，结合故障现象，然后对电路工作原理进行分析，便可以迅速判断出故障发生的可能范围。

（三）检查方法

根据故障现象分析，先弄清是属于主电路的故障还是控制电路的故障，是电动机的故障还是控制设备的故障。当故障确认以后，应该进一步检查电动机或控制设备。必要时可采用替代法，即用好的电动机或用电设备来替代。属于控制电路的，应该先进行一般的外观检查，检查控制电路的相关电气元件。如接触器、继电器、熔断器等有无硬裂、烧痕、接线脱落、熔体熔断等现象，同时用万用表检查线圈有无断线、烧毁以及触点是否熔焊。

外观检查找不到故障时，可将电动机从电路中卸下，对控制电路逐步检查。此时可以进行通电吸合试验，观察机床电气控制电路各元器件是否按要求顺序动作，发现哪部分动作有问题，就在那部分找故障点，逐步缩小故障范围，直到全部故障排除为止，绝不能留下隐患。

有些元器件的动作是由机械配合或靠液压推动的，应会同机修人员进行检查处理。

（四）无电原理图时的检查方法

首先，查清不动作的电动机的工作电路。在不通电的情况下，以该电动机的接线盒为起点开始查找，顺着电源线找到相应的控制接触器。然后，以此接触器为核心，一路从主触点开始，继续查到三相电源，查清主电路；一路从接触器线圈的两个接线端子开始向外延伸，经过哪些电器，并弄清控制电路的来龙去脉。必要的时候，边查找边画出草图。若需拆卸时，要记录拆卸的顺序、电器结构等，再采取排除故障的措施。

（五）检修机床电气故障时的注意事项

（1）检修前，应将机床清理干净。

（2）将机床电源断开。

（3）电动机不能转动时，要从电动机有无通电、控制电动机的接触器是否吸合入手，绝不能立即拆修电动机。通电检查时，一定要先排除短路故障，在确认无短路故障后方可通电，否则会造成更大的事故。

(4) 当需要更换熔断器的熔体时,必须选择与原熔体型号相同的熔体,不得随意扩大,以免造成意外的事故或留下更大的后患。因为熔体的熔断,说明电路存在较大的冲击电流,如短路、严重过载、电压波动很大等。

(5) 对于热继电器的过载动作,也要求先查明过载原因,不然的话,故障还是会复发。并且修复后一定要按技术要求重新整定保护值,并进行可靠性试验,以避免发生失控。

(6) 用万用表电阻挡测量触点、导线通断时,量程应置于"$R\times1$"挡。

(7) 如果要用兆欧表检测电路的绝缘电阻,应断开被测支路与其他支路的联系,避免影响测量结果。

(8) 在拆卸元件及端子连线时,特别是对不熟悉的机床,一定要仔细观察,理清控制电路,千万不能蛮干。要及时做好记录、标号,避免在安装时发生错误,方便复原。螺丝钉、垫片等应放在盒子里,被拆下的线头要做好绝缘包扎,以免造成人为的事故。

(9) 试车前,应先检测电路是否存在短路现象。在正常的情况下进行试车,应当注意人身及设备安全。

(10) 机床故障排除后,一切要恢复到原来的样子。

三、机床电气控制电路电阻法检查故障举例

根据故障现象判断故障范围,检查故障的方法有电阻法、电压法、短接法等。下面主要介绍电阻法检查故障。

电阻法检查故障可以分为通电观察故障现象、检查并排除电路故障、通电试车复查三个过程。

(一) 通电观察故障现象

1. 验电

合上电源开关(空气开关),用电笔检查电动机控制电路进线端(端子排)是否有电;检查电动机控制电路电源开关(组合开关代用)上接线桩是否有电;合上电源开关,检查电源开关下接线桩、熔断器上接线桩、熔断器下接线桩是否有电;检查有金属外壳的元器件是否存在漏电。一切正常,方可进行下一步通电试验。

2. 通电试验,观察故障现象,确定故障范围。

按照故障现象,确定可能产生故障的原因,然后切断电源(注意最后一定要切断试验台上的电源开关),并在电路图上画出检查故障的最短路径。

【例】 如图 3-1 所示为顺序启动逆序停止控制电路原理图(设电路只一处故障),按下启动按钮 SB_2 时,M_1 电动机不能启动。故障是在 FU_2 熔断器→1 号线→FR_1 常闭触头→2 号线→FR_2 常闭触头→3 号线→SB_1 常闭触头→4 号线→SB_2 常开触头→5 号线→KM_1 线圈→0 号线的路径中。

(二) 检查并排除电路故障

把万用表从空挡切换到 $R\times10$ 或 $R\times100$ 电阻挡,并进行调零。调零后,可利用二分法,把万用表的一支表棒(黑表棒或红表棒),搭在所分析最短故障路径的起始一端(或末端)。如上例中按下启动按钮 SB_2 时,M_1 电动机不能启动,把万用表的一支表棒(黑表棒或红表棒),搭在图 3-1 中 1 号线所接的 FU_2 接线桩处,另一支表棒搭在所判断故障路径中间

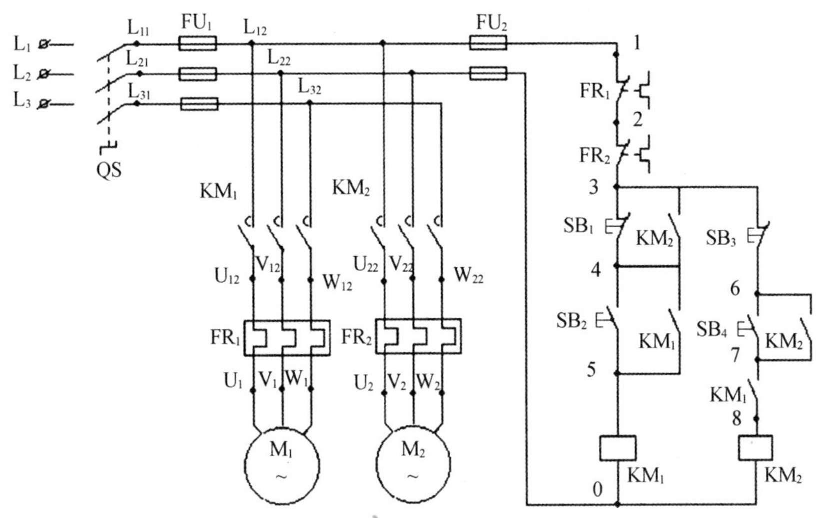

图 3-1 顺序启动逆序停止控制电路

位置电气元件的接线桩上，如 4 号线所接的 SB_1 接线桩处。两表棒间如有启动按钮，应按下启动按钮。此时，若万用表指针指向零位，则表明故障不在两表棒间的电路路径：1 号线→FR_1 常闭触头→2 号线→FR_2 常闭触头→3 号线→SB_1 常闭触头中，而在所分析故障路径的另一半路径中。若电阻为"∞"，则故障在此路径中。如两表棒间有线圈，无故障时电阻值应为线圈直流电阻值，即 1800～2000Ω。

再用万用表检查另一半电路，把万用表的一支表棒（黑表棒或红表棒）搭在 5 号线所接的 SB_2 接线桩处，另一支表棒搭于 9 号线所接的 FU_2 接线桩处，电阻若为 1800～2000Ω，则表明路径 SB_2 常开触头→5 号线→KM_1 线圈→0 号线→熔断器 FU_2 无故障，故障应在 SB_1 常闭触头与 SB_2 常开触头之间的 4 号线上。用万用表测量 4 号线的电阻，若电阻显示为"∞"，则表明故障判断正确。最后用短接线连接 SB_1→SB_2 的 4 号线排除故障。

以上第二步判断由于只有三段线，也可用万用表一段线一段线地检查，直至找到故障点，找到后用短接线连接故障点排除故障。（检查的三段线分别是：SB_1 常闭触头与 SB_2 常开触头之间的 4 号线、SB_2 常开触头与 KM_1 线圈之间的 5 号线，以及 KM_1 线圈与熔断器 FU_2 之间的 0 号线）

（三）通电试车复查，完成故障排除任务

试车前，先用万用表初步检查控制电路的正确性。上例中的顺序启动逆序停止控制电路，用万用表的 $R\times10$ 或 $R\times100$ 电阻挡，搭在控制回路熔断器 FU_2 的 9 号线与 1 号线之间，按下启动按钮 SB_2，电阻应为 1800～2000Ω；模拟 KM_1 的通电吸合状态，指导教师允许时，手动使 KM_1、KM_2 同时处于压合状态，若电阻为 900～1000Ω，则电路功能正常。再按第一步和第二步试电步骤通电试车，试车成功后，拆除短路线，整理好工作台，并把万用表打回空挡，完成故障排除任务。

四、注意事项

（1）注意验电，必须检查有金属外壳的元器件外壳是否漏电。

（2）电阻法必须在断电时使用，万用表不能在通电状态测电阻。

(3) 用短路线短路故障点时,必须线号相同的同号线才能短路。

(4) 电路中的各操作手柄位置也很重要,如需再次试电观察故障现象,必须经指导老师同意。

(5) 在排除故障时,通常以接触器、继电器的得电与否来判断故障在主电路还是控制电路。几个进给动作同时不工作,排除故障就找公共电路部分;若只有一个进给不动作,其他几个进给动作,则排除故障就找该支路部分。

(6) 通过模拟故障排除,培养同学们的分析能力和判断能力。

任务一　T68 镗床电气控制电路检修

镗床是一种精密加工机床,主要用于加工精确的孔和孔间距离要求较为精确的零件。按不同用途,镗床可分为卧式镗床、立式镗床、坐标镗床和专用镗床等。在生产中使用较广泛的有卧式镗床和坐标镗床,其中坐标镗床加工精度很高,适用于加工高精度坐标孔距的多孔零件;而卧式镗床具有万能性特点,它不但能完成孔加工,而且还能完成车削端面及内外圆、铣削平面等加工内容。下面以 T68 卧式镗床为例加以分析。

T68 卧式镗床的型号及含义:

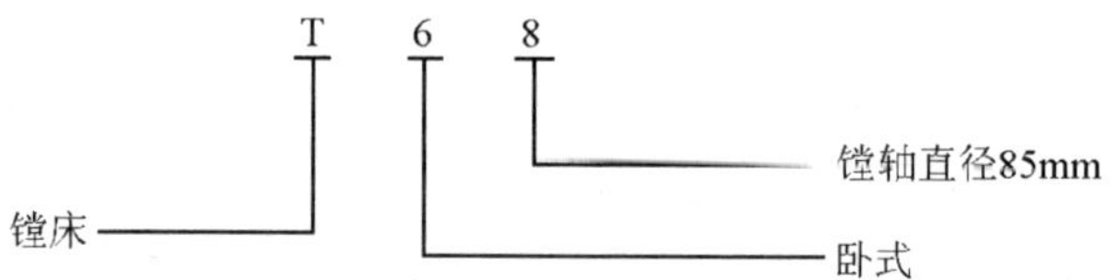

一、T68 镗床的主要结构及运动形式

T68 卧式镗床主要由床身、前立柱、镗头架、工作台、后立柱和尾架等组成,如图 3-1-1 所示。

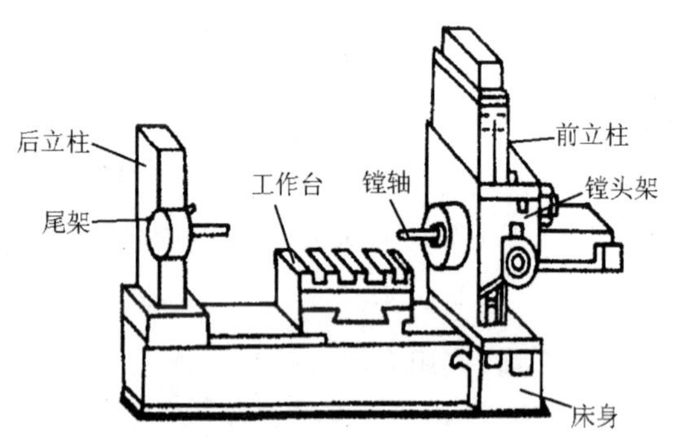

图 3-1-1　T68 卧式镗床

床身是一个整体的铸件,在它的一端固定有前立柱,在前立柱的垂直导轨上装有镗头架,镗头架可沿导轨上下移动。镗头架里集中地装有主轴部分、变速箱、进给箱与操纵机构等部件。切削刀具固定在镗轴前端的锥形孔里,或装在花盘上的刀具溜板上。在工作过程中,镗轴一面旋转,一面沿轴向做进给运动。而花盘只能旋转,装在其上的刀具溜板则可做垂直于主轴轴线方向的径向进给运动。镗轴和花盘主轴是通过单独的传动链传动的,因此它们可以独立转动。后立柱的尾架用来支持装夹在镗轴上的镗杆末端,它与镗头架同时升降,保证两者的轴心始终在同一直线上。后立柱可沿着床身导轨在镗轴的轴线方向调整位置。

安装工件用的工作台安置在床身中的导轨上,它由下溜板、上溜板和可转动的工作台组成。工作台可在平行于(纵向)以及垂直于(横向)镗轴轴线的方向上移动。

T68 卧式镗床的运动方式有：

主运动：镗轴的旋转运动与花盘的旋转运动。

进给运动：镗轴的轴向进给，花盘刀具溜板的径向进给，镗头架的垂直进给，工作台的横向进给，工作台的纵向进给。

辅助运动：工作台的旋转，后立柱的水平移动及尾架的垂直移动。

二、电气控制特点

镗床的工艺范围广，因而它的调速范围大、运动多。其电气控制特点是：

(1) 为适应各种工件加工工艺的要求，主轴应在大范围内调速，多采用交流电动机驱动的滑移齿轮变速系统。目前，国内有采用单电机拖动的，也有采用双速或三速电动机拖动的，后者可精简机械传动机构。由于镗床主拖动要求恒功率拖动，所以常采用"△-YY"双速电动机。

(2) 由于采用滑移齿轮变速，为防止顶齿现象，要求主轴系统变速时做低速断续冲动。

(3) 为适应加工过程中调整的需要，要求主轴可以正、反点动调整。这是通过主轴电动机的正、反转来实现的。

(4) 主轴电机低速时可以直接启动，在高速时控制电路要保证先接通低速，经延时再接通高速以减小启动电流。

(5) 主轴要求快速而准确的制动，所以必须采用效果好的停车制动。卧式镗床常用反接制动(也有的采用电磁铁制动)。

(6) 由于进给部件多，快速进给用另一台电机拖动。

三、电气控制电路分析

图 3-1-2 为 T68 卧式镗床电气控制电路图。

(一) 主电路分析

T68 卧式镗床共由两台三相异步电动机驱动，即主拖动电动机 M_1 和快速移动电动机 M_2。熔断器 FU_1 作电路总的短路保护，FU_2 作快速移动电动机和控制电路的短路保护。M_1 设置热继电器作过载保护，M_2 是短期工作，所以不设置热继电器进行过载保护。M_1 用接触器 KM_1 和 KM_2 控制正反转，接触器 KM_3、KM_4 和 KM_5 控制 M_1 进行△-YY 变速切换。M_2 用接触器 KM_6 和 KM_7 控制正反转。

(二) 控制电路分析

如图 3-1-2 所示，合上电源开关 QS。

1. 主轴电动机 M_1 的控制

(1) 主轴电动机的正反转控制

按下正转启动按钮 SB_2，中间继电器 KA_1 线圈获电吸合，KA_1 常开触头(12、15、21 区)闭合，接触器 KM_3 线圈得电[此时位置开关 SQ_3 和 SQ_4(15 区)已被操纵手柄压合]，KM_3 主触头闭合，将制动电阻 R 短接，而 KM_3 常开辅助触头(22 区)闭合，接触器 KM_1 线圈获电吸合，KM_1 主触头闭合，接通电源。KM_1 的常开触头(26 区)闭合，KM_4 线圈获电吸合，KM_4 主触头闭合，电动机 M_1 绕组接成△正向起动，空载转速近 1500r/min。

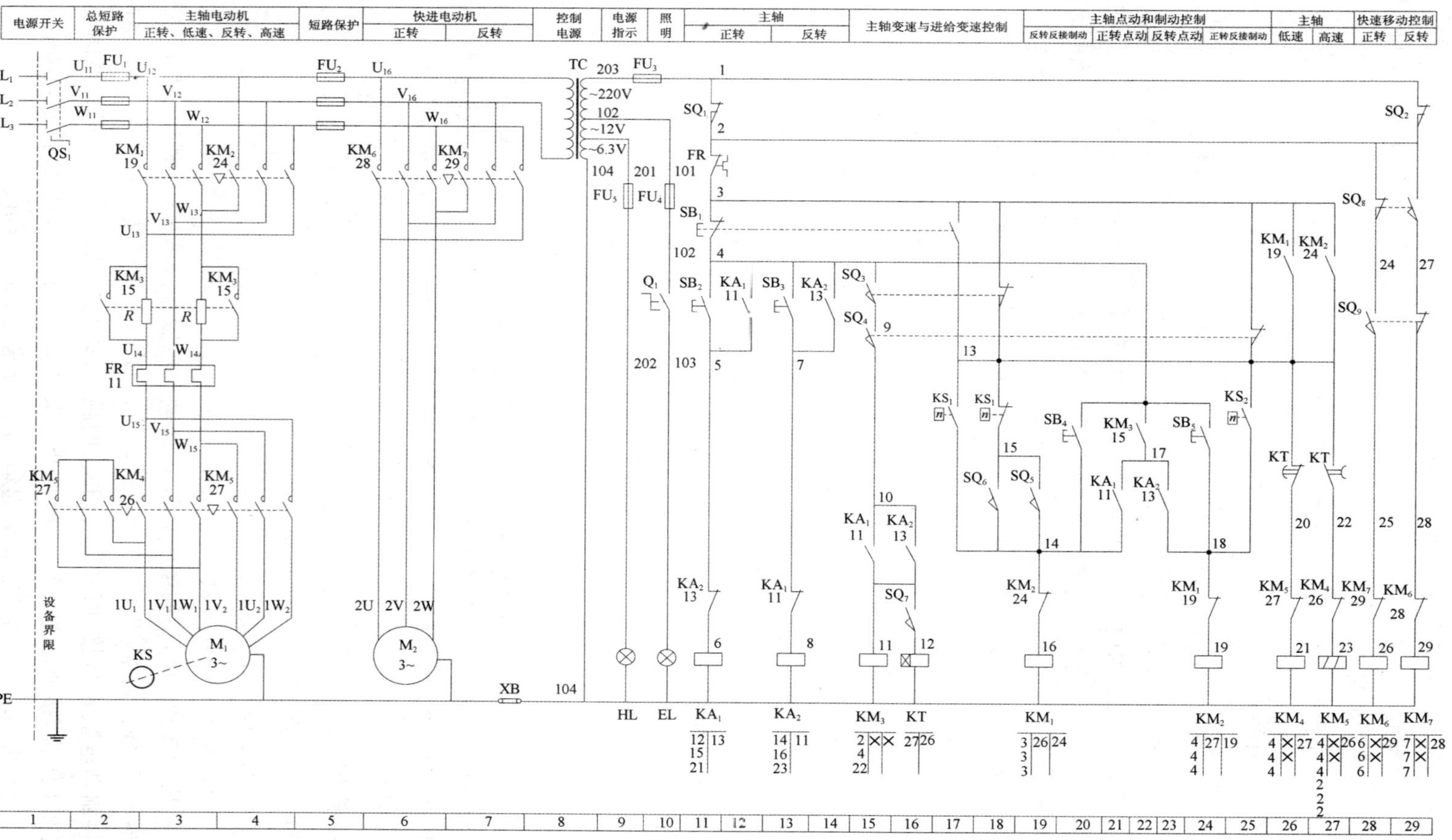

图 3-1-2 KH-T68卧式镗床电气原理

反转时只需按下反转启动按钮 SB_3，动作原理同上，所不同的是中间继电器 KA_2 的接触器 KM_2 获电吸合。

（2）主轴电动机 M_1 的点动控制

按下正向点动按钮 SB_4，接触器 KM_1 线圈获电吸合，KM_1 常开插头(26 区)闭合，接触器 KM_4 线圈获电吸合。这样，KM_1 和 KM_4 主触头闭合便使电动机 M_1 绕组接成△并串电阻 R 点动。

同理，按下反向点动按钮 SB_5，接触器 KM_2 和 KM_4 线圈获电吸合，电动机 M_1 绕组接成△并串电阻 R 反向点动。

（3）主轴电动机 M_1 的停车制动

假设电动机 M_1 正转，当速度达到 300r/min 以上时，速度继电器 KS_2 常开触头(25 区)闭合，为停止制动做好准备。若 KM_1 线圈断电释放，KM_4 线圈也断电释放，由于 KM_1 和 KM_4 主触头断开，电动机 M_1 断电做惯性运转。紧接着，接触器 KM_2 和 KM_4 线圈获电吸合，KM_2 和 KM_4 主触头闭合，电动机 M_1 串电阻 R 反接制动。当转速降至 120r/min 以下时，速度继电器 KS_2 常开触头(25 区)断开，接触器 KM_2 和 KM_4 线圈断电释放，反接制动停车结束。

如果电动机 M_1 反转，当速度达到 300r/min 以上时，速度继电器 KS_1 常开触头闭合，为停车制动做好准备。以后的动作过程与正转制动时相似，读者可自行分析。

（4）主轴电动机 M_1 的高、低速控制

若选择电动机 M_1 在低速(△接法)运行，可通过变速手柄使变速行程开关 SQ_7(16 区)处于断开位置，相应的时间继电器 KT 线圈断电，接触器 KM_5 线圈也断电，电动机 M_1 绕组只能由接触器 KM_4 接成△连接，低速运转。

如果需要电动机 M_1 高速运行，应首先通过变速手柄使变速行程开关 SQ_7(16 区)压合，然后按正转启动按钮 SB_2(或反转启动按钮 SB_3)，KA_1 线圈(反转时应为 KA_2 线圈)获电吸合，时间继电器 KT 和接触器 KM_3 线圈同时获电吸合。由于 KT 两副触头延时动作，故 KM_4 线圈先获电吸合，电动机 M_1 绕组先接成△低速启动，以后 KT 的常闭触头(26 区)延时断开，KM_4 线圈断电释放，KT 的常开触头(27 区)延时闭合，KM_5 线圈获电吸合，电动机 M_1 绕组成 YY 连接，以高速(空载时近 3000r/min)运行。

（5）主轴变速及进给变速控制

本机床主轴的各种速度是通过变速操纵盘以改变传动链的传动比来现实的。当主轴在工作过程中，若需变速，可不必按停止按钮，而可直接进行变速。设 M_1 原来运行在正转状态，速度继电器 KS_2(25 区)早已闭合。将主轴变速操纵盘的操作手柄拉出，与变速手柄有机械联系的行程开关 SQ_3 不再受压而断开，KM_3 和 KM_4 线圈先后断电释放，电动机 M_1 串接电阻 R 反接制动。等速度继电器 KS_2(25 区)常开触头断开，主轴电动机 M_1 停车，便可转动变速操纵盘进行变速。变速后，将变速手柄推回原位，SQ_3 重新压合，接触器 KM_3、KM_1 和 KM_4 线圈先后获电吸合，电动机 M_1 启动，主轴以新选定的速度运转。

变速时，若因齿轮卡住，变速手柄推不上，此时变速冲动行程开关 SQ_6 被压合，速度继电器的常闭触头 KS_2(18 区)已恢复闭合，接触器 KM_1 线圈获电吸合，电动机 M_1 启动。当速度高于 300r/min 时，KS_2 常闭触头(18 区)又断开，KM_1 线圈断电释放，电动机 M_1 又断电；当速度降到 300r/min 时，KS_2 常闭触头又闭合了，从而又接通低速启动电路而重复上述过

程。这样，主轴电动机就会间歇地启动和制动而低速旋转，以便齿轮顺利啮合。直到齿轮啮合好，手柄推上后，压下行程开关 SQ_3，松开 SQ_6，将冲动电路断开。同时，由于 SQ_3 的常开触头(15 区)闭合，主轴电动机启动旋转，从而主轴获得所选定的转速。

进给变速的操作和控制与主轴变速的操作和控制相同。只是在进给变速时，拉出的操作手柄是进给变速操纵盘的手柄，与该手柄有机械联系的是行程开关 SQ_4，进给变速冲动的行程开关是 SQ_5。

2. 快速移动电动机 M_2 的控制

主轴的轴向进给、主轴箱(包括尾架)的垂直进给、工作台的纵向和横向进给等的快速移动，是由电动机 M_2 通过齿轮、齿条等来完成的。快速进给手柄扳到正向快速位置时，压合行程开关 SQ_9，接触器 KM_6 线圈获电吸合，电动机 M_2 正转启动，实现快速正向移动。将快速进给手柄扳到反向快速位置，行程开关 SQ_8 被压合，KM_7 线圈获电吸合，电动机 M_2 反向快速移动。

3. 连锁保护装置

为了防止在工作台或主轴箱自动快速进给时又将主轴进给手柄扳到自动快速进给的误操作，可采用与工作台和主轴箱进给手柄有机械连接的行程开关 SQ_1(在工作台后面)。当上述手柄扳在工作台(或主轴箱)自动快速进给的位置时，SQ_1 被压断开。同样，在主轴箱上还装有另一个行程开关 SQ_2，它与主轴进给手柄有机械连接，当这个手柄动作时，SQ_2 也受压分断。电动机 M_1 和 M_2 必须在行程开关 SQ_1 和 SQ_2 中有一个处于闭合状态时，才可以启动。如果工作台在自动进给(此时 SQ_1 断开)时，再将主轴进给手柄扳到自动进给位置(SQ_2 也断开)，那么电动机 M_1 和 M_2 便都自动停车，从而达到连锁保护之目的。

T68 卧式镗床电气元件明细如表 3-1-1 所示。

表 3-1-1　T68 卧式镗床电气元件明细

符号	元件名称	型号	规格	数量	用途
M_1	电动机	JD02-51-2/4	7.5kW,2900/1440 r/min	1	驱动主轴
M_2	电动机	J02-31-4	2.2kW,1430r/min	1	驱动快速移动
KM_1	接触器	CJ0-40	40A,220V	1	主轴正转
KM_2	接触器	CJ0-40	40A,220V	1	主轴反转
KM_3	接触器	CJ0-40	40A,220V	1	短路限流电阻
KM_4	接触器	CJ0-40	40A,220V	1	主轴低速
KM_5	接触器	CJ0-40	40A,220V	1	主轴高速
KM_6	接触器	CJ0-20	20A,220V	1	M_2 正转
KM_7	接触器	CJ0-20	20A,220V	1	M_2 反转
KA_1	中间继电器	JZ7-44	220V	1	接通主轴正转
KA_2	中间继电器	JZ7-44	220V	1	接通主轴反转
KT	时间继电器	JS7-2A	220V	1	高速延时启动
KS_1	速度继电器	JY1	380V,2A	1	反向速度控制
KS_2	速度继电器	JY1	380V,2A	1	正向速度控制
QS_1	开关	HZ2-25/3	25A,380V	1	电源总开关

续 表

符号	元件名称	型号	规格	数量	用途
SB_1	按钮	LA2	红色	1	主轴停止制动
SB_2	按钮	LA2	黑色	1	主轴正转启动
SB_3	按钮	LA2	绿色	1	主轴反转启动
SB_4	按钮	LA2	黑色	1	主轴正转点动
SB_5	按钮	LA2	绿色	1	主轴反转点动
SQ_1	行程开关	LX1-11J	防溅式	1	自动进给间的互锁
SQ_2	行程开关	LX3-11K	开启式	1	自动进给间的互锁
SQ_3	行程开关	LX1-11K	开启式	1	主轴变速
SQ_4	行程开关	LX1-11K	开启式	1	进给变速
SQ_5	行程开关	LX1-11K	开启式	1	进给变速冲动
SQ_6	行程开关	LX1-11K	开启式	1	主轴变速冲动
SQ_7	行程开关	LX5-11	开启式	1	接通主电机高速挡
SQ_8	行程开关	LX1-11K	开启式	1	反向快速进给
SQ_9	行程开关	LX1-11K	开启式	1	正向快速进给
TC	控制变压器	BK-300	380/220V,12V,6.3V	1	控制和照明电源
FR	热继电器	JRO-40	16～25A	1	M_1 过载保护
FU_1	熔断器	RL1-60	熔体 40A	1	电源总短路保护
FU_2	熔断器	RL1-15	熔体 15A	1	M_2 短路保护
FU_3	熔断器	RL1-15	熔体 2A	1	控制电路短路保护
FU_4	熔断器	RL1-15	熔体 2A	1	照明短路保护
R	电阻	ZB1-0.9	0.9Ω,100W	1	M_1 反转制动

四、实训内容

(一) 目的与要求

熟悉 T68 镗床的电气控制原理，掌握 T68 镗床电气控制电路的故障分析与检修。

(二) 工具与仪表

工具包括：测电笔、电工刀、剥线钳、尖嘴钳、斜口钳、螺钉旋具、活动扳手等。仪表包括：U-201 万用表、5050 型兆欧表、T301-A 型钳形电流表、转速表等。

五、常见电气故障分析

T68 镗床常见故障的判断和处理方法和车、铣、磨床大致相同，但由于镗床的机械电气连锁较多，又采用了双速电动机，在运行中会出现一些特有的故障。

（一）主轴实际转速比标牌指示数多一倍或少一半

T68镗床主轴有18种转速，是采用双速电动机和机械滑移齿轮来实现变速的。主轴电动机的高低速的转换靠行程开关SQ_7的通断来实现。行程开关SQ_7安装在主轴调速手柄的旁边，主轴调速机构转动时推动一个撞钉，撞钉推动簧片使SQ_7通或断。所以在安装调整时，应使撞钉的动作与标牌指示相符。如T68镗床的第一挡12r/min，第二挡20r/min，主轴电动机以近1500r/min运转；第三挡25r/min，主轴电动机以近3000r/min运转；第四挡30r/min，主轴电动机以近1500r/min运转，以后依次类推。所以标牌指示在第一、二挡时，撞钉不推动簧片，使SQ_7不动作。标牌指示在第三挡时，撞钉推动簧片，使SQ_7动作。如果安装调整不当，使SQ_7动作恰恰相反，则会发生主轴转速比标牌指示数多一倍或少一半情况。

（二）主轴电动机只有高速挡，没有低速挡，或只有低速挡，没有高速挡

这类故障原因较多，常见的有时间继电器KT不动作，或行程开关SQ_7安装的位置移动，造成SQ_7总是处于通或断的状态。如果SQ_7总是处于通的状态，则主轴电动机只有高速；如果SQ_7总是处于断开状态，则主轴电动机只有低速。此外，若时间继电器KT的触头（26、27区）损坏，接触器KM_5的主触头不接通，则主轴电动机M_1便不能转换到高速挡运转，只能停留在低速挡运转。

（三）主轴变速手柄拉出后，主轴电动机不能冲动；或者变速完毕，合上手柄后，主轴电动机不能自动开车

当主轴变速手柄拉出后，通过变速机构的杠杆、压板使行程开关SQ_3动作，主轴电动机断电而制动停车。速度选好后推上手柄，行程开关动作，使主轴电动机低速冲动。行程开关SQ_3和SQ_6装在主轴箱下部，由于位置偏移、触头接触不良等原因而完不成上述动作。又因SQ_3、SQ_6是由胶木塑压成型的，由于质量等原因，有时绝缘击穿，造成手柄拉出后，SQ_3尽管已动作，但由于其触头短路接通，使主轴仍以原来转速旋转，此时变速将无法进行。

六、检修步骤与工艺要求

（1）T68镗床电路复杂，实际检修前，可先在电路图上进行故障分析练习。教师列举某些典型故障，由学生在电路图上根据故障现象分析故障原因或根据故障点分析故障现象。

（2）对镗床进行操作，充分了解镗床的各种工作状态、各运动部件的运动形式及各操作手柄的作用。

（3）熟悉镗床各元器件的安装位置、走线情况，及操作手柄处于不同位置时各位置开关的工作状态。

（4）在有故障的镗床上或人为设置故障的镗床上，由教师示范检修，把检修步骤及要求贯穿其中，直至故障排除。

（5）由教师设置让学生知道的故障点，指导学生从故障现象着手进行分析，逐步引导学生采用正确的检查步骤和维修方法排除故障。

（6）教师设置人为的故障点，由学生检修。其具体要求包括：

①用通电试验法观察故障现象，然后采用正确的检修方法在额定时间内查出并排除故障。

②检修过程中，故障分析的思路要正确，排除故障时不得采用更换元器件、借用触头或

改动电路的方法。

③检修时，严禁扩大故障范围或产生新的故障，不得损坏元器件。

④排除故障后，要及时总结经验，并做好维修记录。记录的内容包括：工业机械的型号、名称、编号、故障发生日期、故障现象、部位、损坏的电器、故障原因、修复措施及修复后的运行情况等。记录的目的包括：作为档案以备日后维修时参考；通过对历次故障的分析，采取相应的有效措施，防止类似事故的再次发生；对电气设备本身的设计提出改进意见等。

七、注意事项

(1) 检修前要认真阅读 T68 镗床的电路图，弄清有关元器件的位置、作用及其相互连接导线的走向。

(2) T68 镗床的多种运动都是由电气和机械配合完成的，检修时要注意区别它们各自的作用。

(3) 停电要验电，带电检查时必须有指导教师在现场监护，以确保用电安全。工具和仪表使用要正确，检修时要认真核对导线的线号，以免出现误判。

八、成绩评定

成绩评定结果填入表 3-1-2 中。

表 3-1-2 成绩评定结果

项目内容	配分	评分标准		扣分	得分
故障分析	30 分	排除故障前不进行调查研究，扣 5 分 检修思路不正确，扣 5 分 标不出故障点、线或标错位置，每个故障点扣 10 分			
检修故障	60 分	切断电源后不验电，扣 5 分 使用仪表和工具方法不正确，每次扣 5 分 检查故障的方法不正确，扣 10 分 查出故障不会排除，每个故障扣 20 分 检修中扩大故障范围，扣 10 分 少查出故障，每个扣 20 分 损坏元器件，扣 30 分 检修中或检修后试车操作不正确，每次扣 5 分			
安全文明生产	10 分	防护用品穿戴不齐全，扣 5 分 检修结束后未恢复原状，扣 5 分 检修中丢失零件，扣 5 分 出现短路或触电，扣 10 分			
练习时间	—	共 60 分钟，检查故障不允许超时，修复故障允许超时，每超时 5 分钟扣 5 分，最多可延长 20 分钟			
合计	100 分	开始时间：	结束时间：		

注：教师可设置 2～3 个故障点，每项扣分最高不超过该项配分。

任务二　X62W 万能铣床电气控制电路检修

铣床的种类很多，按照结构形式和加工性能的不同，可分为立式铣床、卧式铣床、龙门铣床、仿形铣床和专用铣床等。

万能铣床是一种通用的多用途机床，它可以用圆柱铣刀、圆片铣刀、角度铣刀、成形铣刀及端面铣刀等刀具对各种零件进行平面、斜面、螺旋面及成形表面的加工，还可以加装万能铣头、分度头和圆工作台等机床附件来扩大加工范围。常用的万能铣床有两种：一种是 X62W 型卧式万能铣床，铣头水平方向放置；另一种是 X52K 型立式万能铣床，铣头垂直方向放置。这两种铣床在结构上大体相似，差别在于铣头的放置方向不同，而工作台的进给方式、主轴变速的工作原理等都一样，电气控制电路经过系列化以后也基本一样。

本书以 X62W 型卧式万能铣床为例，分析铣床对电气传动的要求，电气控制电路的构成、工作原理及其安装、调试与检修。

铣床的型号及含义：

X　6　2　W

X —— 铣床

6 —— 卧式

2 —— 2号工作台（用0、1、2、3、4号表示工作台台面宽度）

W —— 万能

一、X62W 万能铣床的主要结构及运动形式

X62W 万能铣床的外形结构如图3-2-1所示，它主要由床身、主轴、刀杆、悬梁、刀杆挂脚、工作台、回转盘、横溜板、升降台、底座等几部分组成。箱形的床身固定在底座上，床身内装有主轴的传动机构和变速操纵机构。在床身的顶部有水平导轨，上面装着带有一个或两个刀杆支架的悬梁。刀杆支架用来支撑铣刀心轴的一端，心轴的另一端则固定在主轴上，由主轴带动铣刀铣削。刀杆支架在悬梁上以及悬梁在床身顶部的水平导轨上都可以做水平移动，以便安装不同的心轴。在床身的前面有垂直导轨，升降台可沿着它上下移动。在升降台上面的水平导轨上，装有可在平行主轴轴线方向移动（前后移动）的溜板。溜板上部有可转动的回转盘，工作台就在溜板上部回转盘上的导轨上做垂直于主轴轴线方向的移动（左右移动）。工作台上的 T 形槽用来固定工件。这样，安装在工作台上的工件就可以在三个坐标上的 6 个方向调整位置或进给。

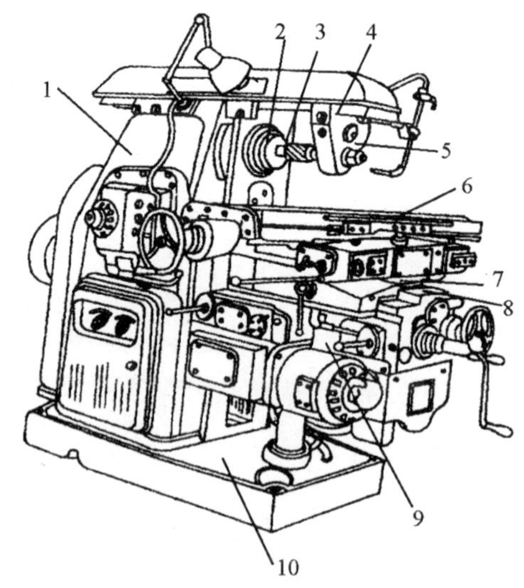

1-床身　2-主轴　3-刀杆　4-悬梁　5-刀杆挂脚　6-工作台　7-回转盘　8-横溜板　9-升降台　10-底座

图 3-2-1　X62W 万能铣床外形

此外，由于回转盘相对于溜板可绕中心轴线左右转过一个角度(通常为±45°)，因此，工作台在水平面上除了能在平行于或垂直于主轴轴线方向进给外，还能在倾斜方向进给，可以加工螺旋槽，故称万能铣床。

铣削是一种高效率的加工方式。铣床主轴带动铣刀的旋转运动是主运动；铣床工作台的前后(横向)、左右(纵向)和上下(垂直)6个方向的运动是进给运动；铣床的其他运动，如工作台的旋转运动则属于辅助运动。

二、X62W万能铣床电力拖动的特点及控制要求

该铣床共由3台异步电动机拖动，它们分别是主轴电动机M_1、进给电动机M_2和冷却泵电动机M_3。

铣削加工有顺铣和逆铣两种加工方式，所以要求主轴电动机能正反转。但考虑正反转操作并不频繁(批量顺铣或逆铣)，因此在铣床床身下侧电器箱上设置了一个组合开关，来改变电源相实现主轴电动机的正反转。由于主轴转动系统中装有避免震动的惯性轮，使主轴停车困难，故主轴电动机采用电磁离合器制动以实现准确停车。

铣床的工作台要求有前、后、左、右、上、下6个方向的进给运动和快速移动，所以也要求进给电动机能正反转，并通过操纵手柄和机械离合器相配合来实现。进给的快速移动是通过电磁铁和机械挂挡来完成的。为了扩大其加工能力，在工作台上可加装圆形工作台，圆形工作台的回转运动是由进给电动机经转动机构驱动的。

根据加工工艺的要求，该铣床应具有以下电气连锁措施：

(1) 为防止刀具和铣床的损坏，要求只有主轴旋转后允许进给和进给方向的快速移动。

(2) 为了减小加工件表面的粗糙度，只有进给停止后主轴才能停止或同时停止。该铣床在电气上采用了主轴和进给同时停止的方式，但由于主轴运动的惯性很大，实际上就保证了进给运动先停止、主轴运动后停止的要求。

(3) 6个方向的进给运动中每次只能有一种运动产生，该铣床采用了机械操纵手柄和位置开关配合的方法来实现6个方向的连锁。

(4) 主轴运动和进给运动采用变速盘来进行速度选择，为保证变速齿轮进入良好啮合状态，两种运动都要求变速后做瞬时点动。

(5) 当主轴电动机或冷却泵过载时，进给运动必须立即停止，以免损坏刀具和铣床。

(6) 要求有冷却系统、照明设备及各种保护措施。

三、X62W万能铣床电气控制电路分析

X62W万能铣床的电路如图3-2-2所示。该电路是1982年以后改进的，适合于X62W和X52W两种万能铣床。电路的改进主要在主轴制动和进给快速移动控制上。未改进的铣床控制电路的主轴制动用反接制动，快速移动用电磁铁改变齿轮传动链。改进后的电路一律用电磁离合器控制。该电路分为主电路、控制电路和照明电路三部分。

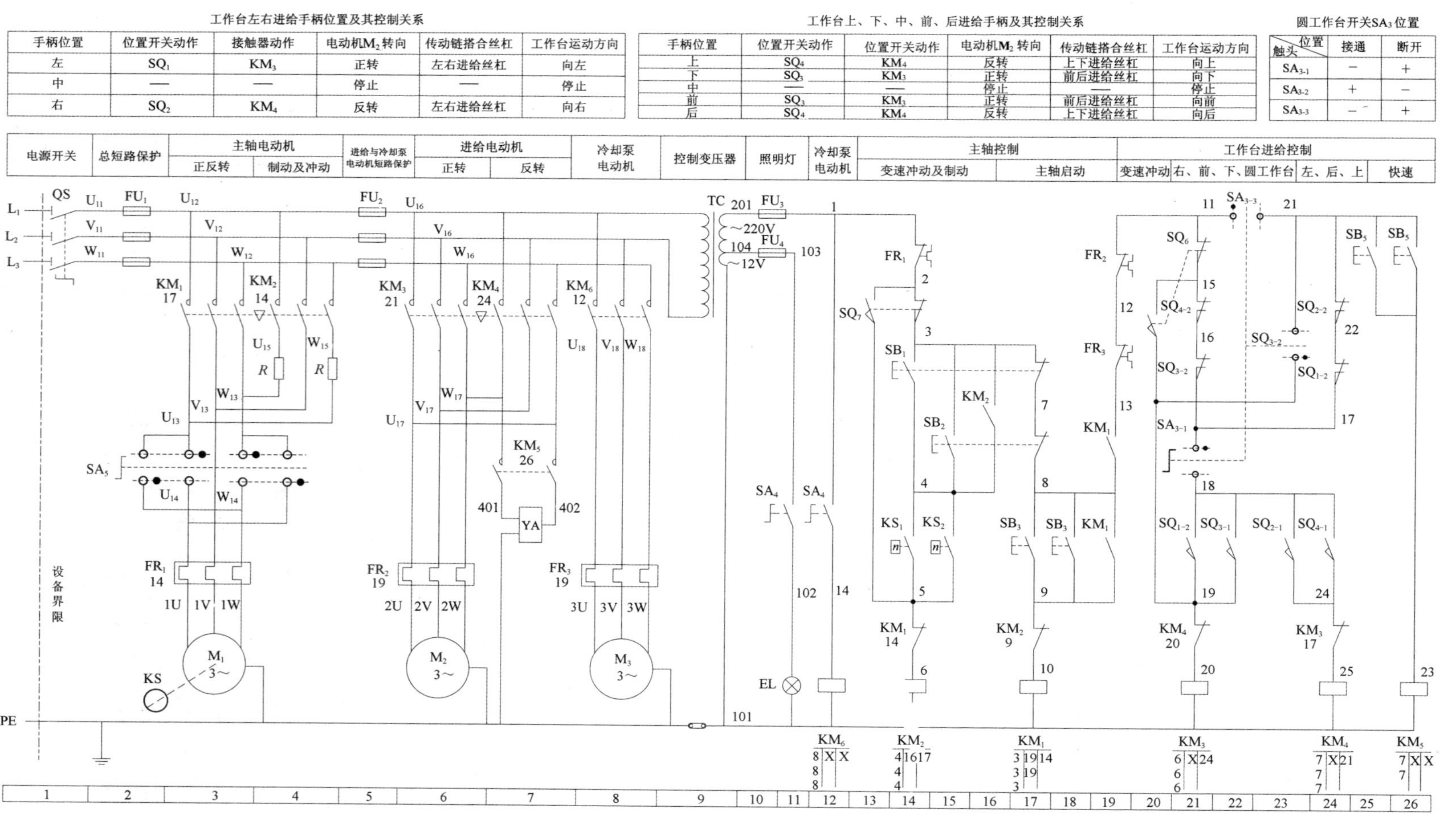

工作台左右进给手柄位置及其控制关系

手柄位置	位置开关动作	接触器动作	电动机M_2转向	传动链搭合丝杠	工作台运动方向
左	SQ_1	KM_3	正转	左右进给丝杠	向左
中	—	—	停止	—	停止
右	SQ_2	KM_4	反转	左右进给丝杠	向右

工作台上、下、中、前、后进给手柄及其控制关系

手柄位置	位置开关动作	位置开关动作	电动机M_2转向	传动链搭合丝杠	工作台运动方向
上	SQ_4	KM_4	反转	上下进给丝杠	向上
下	SQ_3	KM_3	正转	前后进给丝杠	向下
中	—	—	停止	—	停止
前	SQ_3	KM_3	正转	前后进给丝杠	向前
后	SQ_4	KM_4	反转	上下进给丝杠	向后

圆工作台开关SA_3位置

触头 \ 位置	接通	断开
SA_{3-1}	−	+
SA_{3-2}	+	−
SA_{3-3}	−	+

图 3-2-2 KH-X62 万能铣床电气原理

（一）主电路分析

主电路中共有 3 台电动机，M_1 是主轴电动机，拖动主轴带动铣刀进行铣削加工，SA_5 为 M_1 的换向开关；M_2 是进给电动机，通过操纵手柄和机械离合器的配合拖动工作台前后、左右、上下 6 个方向的进给运动和快速移动，其正反转由接触器 KM_3、KM_4 来实现；M_3 是冷却泵电动机，供应切削液，用手动开关 SA_1 控制。3 台电动机共用熔断器 FU_1 做短路保护，3 台电动机分别用热继电器 FR_1、FR_2、FR_3 做过载保护。

（二）控制电路分析

控制电路的电源由控制变压器 TC 输出 110V 电压供电。

1. 主轴电动机 M_1 的控制

为了方便操作，主轴电动机 M_1 采用两地控制方式，一组安装在该工作台上；另一组安装在床身上。SB_3 和 SB_4 两组启动按钮并接在一起，SB_1 和 SB_2 是两组停止按钮串接在一起。KM_1 是主轴电动机 M_1 的启动接触器，SQ_7 是主轴变速时瞬时点动的位置开关。主轴电动机是经过弹性联轴器和变速机构的齿轮传动链来实现传动的，可使主轴具有 18 级不同的转速（30～1500r/min）。

（1）主轴电动机 M_1 的启动

启动前，应首先选择好主轴的转速，然后合上电源开关 QS，再把主轴换向开关 SA_5（2 区）扳到所需要的转向。主轴换向开关 SA_5 的位置及动作说明如表 3-2-1 所示。

表 3-2-1 主轴换向开关 SA_5 的位置及动作说明

位置	正转	停止	反转
SA_{5-1}	−	−	+
SA_{5-2}	+	−	−
SA_{5-3}	+	−	−
SA_{5-4}	−	−	+

按下启动按钮 SB_3（或 SB_4），接触器 KM_1 线圈得电，KM_1 主触头和自锁触头闭合，主轴电动机 M_1 启动运转，KM_1 常开辅助触头（19 区）闭合，为工作台进给电路提供了电源。

（2）主轴电动机 M_1 的制动

当铣削完毕，需要主轴电动机 M_1 停止时，按下停止按钮 SB_1（或 SB_2），其常闭触头分断，接触器 KM_1 线圈失电，KM_1 主触头复位，主轴电动机 M_1 断电惯性运转；接着其常开触头闭合（停止按钮一定要按到底），此时，与主轴电动机同轴连接的速度继电器 KS 常开触头尚未复位，因此，接通了主轴反接制动接触器 KM_2 线圈，其主触头闭合，主轴电动机串联电阻反接制动。读者可以参照 T68 镗床的反接制动过程自行分析。

（3）主轴换铣刀控制

M_1 停转后并不处于制动状态，主轴仍可自由转动。在主轴更换铣刀时，为避免主轴转动，造成更换困难，应将主轴制动。某些改进型的铣床专门设置有换刀电磁离合器，以便主轴处于制动状态下换刀。

(4) 主轴变速时的瞬时点动(冲动控制)

主轴变速操纵箱装在床身左侧,主轴变速由一个变速手柄和一个变速盘来实现。主轴变速时的冲动控制,是利用变速手柄与冲动位置开关 SQ_7 通过机械上的联动机构进行控制的,如图 3-2-3 所示。变速时,先把变速手柄 3 下压,使手柄的榫块从定位槽中脱出,然后向外拉动手柄使榫块落入第二道槽内,使齿轮组脱离啮合。转动变速盘 4 选定所需转速后,把手柄推回原位,使榫块重新落进槽内,使齿轮组重新啮合(这时已改变了传动比)。变速时为了使齿轮容易啮合,扳动手柄复位时电动机 M_1 会产生冲动。在变速手柄 3 推进时,手柄上装的凸轮 1 将弹簧杆 2 推动一下又返回,这时弹簧杆 2 推动一下位置开关 SQ_7(13、14 区),使 SQ_7 的常闭触头 SQ_{7-2} 先分断,常开触头 SQ_{7-1} 后闭合,接触器 KM_1 瞬时得电动作,电动机 M_1 瞬时启动;紧接着凸轮 1 放开弹簧杆 2,位置开关 SQ_7 触头复位,接触器 KM_1 断电释放,电动机 M_1 断电。此时电动机 M_1 因未制动而惯性旋转,使齿轮系统抖动,在抖动时刻,将变速手柄 3 先快后慢地推进去,齿轮便顺利地啮合。当瞬时点动过程中齿轮系统没有实现良好啮合时,可以重复上述过程直到啮合为止。变速前应先停车。

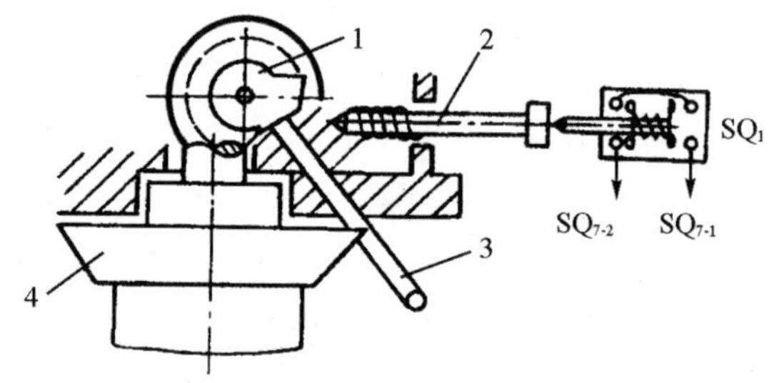

1-凸轮 2-弹簧杆 3-变速手柄 4-变速盘

图 3-2-3 主轴变速时的冲动控制

2. 进给电动机 M_2 的控制

工作台的进给在主轴启动后方可进行。工作台的进给可在 3 个坐标的 6 个方向运动,即工作台在回转盘上的左右运动;工作台与回转盘一起在溜板上和溜板一起前后运动;升降台在床身的垂直导轨上做上下运动。这些进给运动是通过两个操纵手柄和机械联动机构控制相应的位置开关使进给电动机 M_2 正转或反转来实现的,并且 6 个方向的运动是连锁的,不能同时接通。

(1) 圆形工作台的控制

为了扩大铣床的加工范围,可在铣床工作台上安装附件圆形工作台,进行对圆弧或凸轮的铣削加工。SA_3 是圆工作台开关,其位置及动作说明如表 3-2-2 所示。当需要圆工作台回转时,将开关 SA_3 扳到接通位置,这时触头 SA_{3-1}(21 区)和 SA_{3-3}(22 区)断开、触头 SA_{2-2}(23 区)闭合,电流经线号 11→15→16→17→22→21→19→20 路径,使接触器 KM_3 得电,进给电动机 M_2 启动,通过一根专用轴带动圆形工作台作回转运动。当不需要圆形工作台回转时,可将转换开关 SA_3 扳到断开位置,这时触头 SA_{3-1} 和 SA_{3-3} 闭合、触头 SA_{3-2} 断开,以保证工作台在 6 个方向的进给运动。因为圆工作台的旋转运动和 6 个方向的进给运动也是连锁的。

表 3-2-2 圆工作台开关 SA_3 的位置及动作说明

位置	接通(圆台工作)	零位	断开(非圆台工作)
SA_{3-1}	−	−	+
SA_{3-2}	+	−	−
SA_{3-3}	−	−	+

(2) 工作台的左右进给运动

将转换开关扳到断开位置，工作台的左右进给操作手柄与位置开关 SQ_1 和 SQ_2 联动，有左、右、中三个位置，其控制关系如表 3-2-3 所示。当手柄扳向中间位置时，位置开关 SQ_1 和 SQ_2 均未被压合，进给控制电路处于断开状态；当手柄扳向左或右位置时，手柄压下位置开关 SQ_1 或 SQ_2，使常闭触头 SQ_{1-2} 或 SQ_{2-2}(24 区)分断，常开触头 SQ_{1-1}(21 区)或 SQ_{2-1}(23 区)闭合，接触器 KM_3 或 KM_4 得电动作，电动机 M_2 正转或反转。由于在 SQ_1 或 SQ_2 被压合的同时，通过机械机构已将电动机 M_2 的传动链与工作台下面的左右进给丝杆相搭合，所以电动机 M_2 的正转与反转就拖动工作台向左或向右运动。当工作台向左或向右进给到极限位置时，由于工作台两端各装有一块限位挡铁，所以挡铁会碰撞手柄自动复位到中间位置，位置开关 SQ_1 或 SQ_2 复位，电动机的传动链与左右丝杆脱离，电动机 M_2 停转，工作台停止了进给，实现了左右运动的终端保护。

表 3-2-3 工作台左、中、右进给手柄位置及控制关系

手柄位置	位置开关动作	接触器动作	电动机 M_2 转向	传动链搭合丝杆	工作台运动方向
左	SQ_1	KM_3	正转	左右进给丝杆	向左
中	—	—	停止	—	停止
右	SQ_2	KM_4	反转	左右进给丝杆	向右

(3) 工作台的上下和前后进给运动

工作台的上下和前后进给运动是由一个手柄控制的。该手柄与位置开关 SQ_3 和 SQ_4 联动，有上、下、前、后、中 5 个位置，其控制关系如表 3-2-4 所示。当手柄扳至中间位置时，位置开关 SQ_3 和 SQ_4 均未被压合，工作台无任何运动；当手柄扳至下或前位置时，手柄压下位置开关 SQ_3 使常闭触头 SQ_{3-2}(21 区)分断，常开触头 SQ_{3-1}(22 区)闭合，接触器 KM_3 得电动作，电动机 M_2 正转，带动着工作台向下或向前运动；当手柄扳至上或后位置时，手柄压下位置开关 SQ_4，使常闭触头 SQ_{4-2}(21 区)分断，常开触头 SQ_{4-1}(24 区)闭合，接触器 KM_4 得电动作，电动机 M_2 反转，带动着工作台向上或向后运动。

表 3-2-4 工作台上、下、前、后、中进给手柄位置及其控制关系

手柄位置	位置开关动作	接触器动作	电动机 M_2 转向	传动链搭合丝杆	工作台运动方向
上	SQ_4	KM_4	反转	上下进给丝杆	向上
下	SQ_3	KM_3	正转	上下进给丝杆	向下
中	—	—	停止	—	停止
前	SQ_3	KM_3	正转	前后进给丝杆	向前
后	SQ_4	KM_4	反转	前后进给丝杆	向后

那么，为什么进给电动机 M_2 只有正反两个转向，而工作台却能够在四个方向进给呢？这是因为当手柄扳向不同的位置时，通过机械机构将电动机 M_2 的传动链与不同的进给丝杆相搭合的缘故。当手柄扳向下或上时，手柄在压下位置开关 SQ_3 或 SQ_4 的同时，通过机

械机构将电动机 M_2 的传动链与升降台上下进给丝杆搭合，当电动机 M_2 得电正转或反转时，就带着升降台向下或向上运动；同理，当手柄扳向前或后时，手柄在压下位置开关 SQ_3 或 SQ_4 的同时，又通过机械机构将电动机 M_2 的传动链与溜板下面的前后丝杆搭合，当电动机 M_2 得电正转或反转时，又带着溜板向前或向后运动。和左右进给一样，当工作台在上、下、前、后四个方向的任一个方向进给到极限位置时，挡铁都会碰撞手柄连杆，使手柄自动复位到中间位置，位置开关 SQ_3 或 SQ_4 复位，上下丝杆或前后丝杆与电动机传动链脱离，电动机和工作台就停止运动。

由以上分析可见，两个操作手柄被置定于某一方向后，只能压下四个位置开关 SQ_3、SQ_4、SQ_1、SQ_2 中的一个开关，接通电动机 M_2 正转或反转，同时通过机械机构将电动机的传动链与三根丝杆（左右丝杆、上下丝杆、前后丝杆）中的一根（只能是一根）丝杆相搭合，拖动工作台沿选定的进给方向运动，而不会沿其他方向运动。

（4）左右进给手柄与上、下前后进给手柄的连锁控制

在两个手柄中，只能进行其中一个进给方向上的操作，即当一个操作手柄被置定在某一进给方向后，另一个操作手柄必须置于中间位置，否则将无法实现任何进给运动。这是因为在控制电路中对两者实行了连锁保护。如当把左右进给手柄扳向右时，若又将另一个进给手柄扳到向下进给方向，则位置开关 SQ_2 和 SQ_3 均被压下，触头 $SQ_{2\text{-}2}$ 和 $SQ_{3\text{-}2}$ 均分断，断开了接触器 KM_3 和 KM_4 的通路，电动机 M_2 只能停转，保证了操作安全。

（5）进给变速时的瞬时点动（冲动）

和主轴变速时一样，进给变速时，为使齿轮进入良好的啮合状态，也要进行变速后的瞬时点动。进给变速时，必须先把进给操纵手柄放在中间位置，然后将进给变速盘（在升降台前面）向外拉出，使进给齿轮松开，转动变速盘选定进给速度后，再将变速盘向里推回原位，齿轮便重新啮合。在推动的过程中，挡铁压下位置开关 SQ_6，使 SQ_6 常闭触头（21 区）分断、SQ_6 常开触头（20 区）闭合，接触器 KM_3 线圈经 10→19→20→15→14→13→17→18 路径得电动作，电动机 M_2 启动；但随着变速盘复位，位置开关 SQ_6 跟着复位，使 KM_3 断电释放，M_2 失电停转。这样使电动机 M_2 瞬时点动一下，齿轮系统产生一次抖动，齿轮便顺利啮合了。

（6）工作台的快速移动控制

为了提高劳动生产率，减少生产辅助工时，在不进行铣削加工时，可使工作台快速移动。6 个进给方向的快速移动是通过两个进给操作手柄和快速移动按钮配合实现的。

安装好待加工工件后，扳动进给操作手柄选定进给方向，按下快速移动按钮 SB_5 或 SB_6（两地控制），接触器 KM_5 线圈得电，KM_5 主触头闭合（7 区），电磁离合器 YA 得电，将进给电动机和快速进给丝杆直接搭合，带动工作台沿选定的方向快速移动。由于工作台的快速移动采用的是点动控制，故松开 SB_5 或 SB_6，快速移动停止。

3. 冷却泵及照明电路的控制

主轴电动机 M_1 和冷却泵电动机 M_3 采用的是顺序控制，即只有在主轴电动机 M_1 启动后冷却泵电动机 M_3 才能启动。冷却泵电动机 M_3 由开关 SA_1 控制。

铣床照明由变压器 TC 供给 12V 的安全电压，照明由开关 SA_4 控制。熔断器 FU_4 作为照明电路的短路保护。

X62W 万能铣床电气元件明细如表 3-2-5 所示。

表 3-2-5　X62W 万能铣床电气元件明细

代号	名称	型号	规格	数量	用途
M_1	主轴电动机	Y132M-4-B3	7.5kW,380V,1450r/min	1	驱动主轴
M_2	进给电动机	Y90L-4	1.53kW,380V,1400r/min	1	驱动进给
M_3	冷却泵电动机	JCB-22	125W,380V,2790r/min	1	驱动冷却泵
QS	电源开关	HZ10-60/3J	60A,380V	1	电源总开关
SA_1	单极开关	HZ10-10/3J	10A,380V	1	冷却泵开关
SA_3	组合开关	HZ10-10/3	10A,380V	1	圆工作台开关
SA_5	开关	HZ3-113	10A,500V	1	主轴换向开关
FU_1	熔断器	RL1-60	60A,熔体 50A	3	电源短路保护
FU_2	熔断器	RL1-15	15A,熔体 10A	3	进给短路保护
FU_3	熔断器	RL1-15	15A,熔体 5A	1	控制电路短路保护
FU_4	熔断器	RL1-15	15A,熔体 5A	1	照明电路短路保护
FR_1	热继电器	JR0-40	整定电流 16A	1	主轴过载保护
FR_2	热继电器	JR10-10	整定电流 0.43A	1	进给电动机过载保护
FR_3	热继电器	JR10-10	整定电流 3.4A	1	冷却泵过载保护
TC	变压器	BK-150	380/220V,12V	1	照明、控制电路电源
KM_1	接触器	CJ0-20	20A,线圈电压 220V	1	主轴运行
KM_2	接触器	CJ0-10	10A,线圈电压 220V	1	主轴制动
KM_3	接触器	CJ0-10	10A,线圈电压 220V	1	进给电动机正转
KM_4	接触器	CJ0-10	10A,线圈电压 220V	1	进给电动机反转
KM_5	接触器	CJ0-10	10A,线圈电压 220V	1	驱动快速进给电磁铁
KM_6	接触器	CJ0-10	10A,线圈电压 220V	1	冷却泵电动机启动
SB_1、SB_2	按钮	LA2	红色	2	停止、制动主轴电动机
SB_3、SB_4	按钮	LA2	绿色	2	启动主轴电动机
SB_5、SB_6	按钮	LA2	绿色	2	启动快速进给
YA	电磁离合器	B1DL-Ⅱ	380V	1	快速进给
SQ_1	位置开关	LX3-11K	单轮自动复位	1	进给电机正、反转及连锁
SQ_2	位置开关	LX3-11K	单轮自动复位	1	
SQ_3	位置开关	LX3-131	开启式	1	
SQ_4	位置开关	LX3-131	开启式	1	
SQ_6	位置开关	LX3-11K	开启式	1	进给冲动开关
SQ_7	位置开关	LX3-11K	开启式	1	主轴冲动开关

四、实训内容

（一）目的要求

掌握 X62W 万能铣床电气控制电路的故障分析与检修。

（二）工具与仪表

工具包括：测电笔、电工刀、尖嘴钳、剥线钳、螺钉旋具、活络扳手等。仪表包括：MF30 型万用表、5050 型兆欧表、T301-A 型钳形电流表。

五、电气电路常见故障分析

（一）主轴电动机 M_1 不能启动

这种故障分析和前面有关的机床故障分析类似，首先，检查各开关是否处于正常工作位置。其次，检查三相电源、熔断器、热继电器的常闭触头、两地启停按钮以及接触器 KM_1 的情况，看有无电器损坏、接线脱落、接触不良、线圈断路等现象。另外，还应检查主轴变速冲动开关 SQ_7，因为由于开关位置移动甚至撞坏，或常闭触头 $SQ_{7\text{-}2}$ 接触不良，而引起电路的故障也不少见。

（二）工作台各个方向都不能进给

铣床工作台的进给是通过进给电动机 M_2 的正反转配合机械传动来实现的。若各个方向都不能进给，多是因为进给电动机 M_2 不能启动所引起的。检查故障时，首先检查圆工作台的控制开关 SA_3 是否在“断开”位置。若没问题，接着检查控制主轴电动机的接触器 KM_1 是否已吸合动作。因为只有接触器 KM_1 吸合后控制进给电动机 M_2 的接触器 KM_3、KM_4 才能得电。主轴工作后，可扳动进给手柄至各个运动方向，观察其相关的接触器是否吸合。若吸合，则表明故障发生在主回路和进给电动机上，常见的故障有接触器主触头接触不良、主触头脱落、机械卡死、电动机接线脱落和电动机绕组断路等。除此之外，由于经常扳动操作手柄，开关受到冲击，使位置开关 SQ_1、SQ_2、SQ_3、SQ_4 的位置发生变动或被撞坏，从而使电路处于断开状态。进给变速冲动开关 $SQ_{6\text{-}2}$ 在复位时不能闭合接通，或接通不良，也会使工作台不能进给。若参照进给手柄位置表扳动手柄后，相关的接触器不动作，则读者可按照对应的接触器得电吸合通路自行分析检查。

（三）工作台能向左、右进给，不能向前、后、上、下进给

铣床控制工作台各个方向的开关是互相连锁的，使之只有一个方向的运动。因此，这种故障的原因可能是控制左右进给的位置开关 SQ_1 或 SQ_2 由于经常压合，导致螺钉松动、开关移位、触头接触不良、开关机构卡住等，使电路断开或开关不能复位闭合，电路 21→22→17 断开。这样当操作工作台向前、后、上、下运动时，位置开关 $SQ_{3\text{-}2}$ 或 $SQ_{4\text{-}2}$ 也被分断，切断了进给接触器 KM_3、KM_4 的得电通路，造成工作台只能左、右运动，而不能前、后、上、下运动。

（四）工作台能向前、后、上、下进给，不能向左、右进给

出现这种故障的原因及排除方法可参照“（三）工作台能向左、右进给，不能向前、后、上、下进给”的方法进行分析，不过故障元件可能是位置开关的常闭触头 $SQ_{3\text{-}2}$ 或 $SQ_{4\text{-}2}$。

（五）工作台不能快速移动，主轴制动失灵

这种故障往往是由电磁离合器 YA 工作不正常所致的。首先，观察 KM_5 接触器是否动作，以区分是主电路故障还是控制电路故障；其次，检查 YA 接线有无松脱。剩下的，读者可根据经验自行分析检查。

（六）变速时不能冲动控制

这种故障多数是由于冲动位置开关 SQ_7 或 SQ_9 受到频繁冲击，使开关位置改变(压不上开关)，甚至开关底座被撞坏或接触不良，使电路断开，从而造成主轴电动机 M_1 或进给电动机 M_2 不能瞬时点动。出现这种故障时，只要修理或更换开关，并调整好开关的动作距离，即可恢复冲动控制。

六、检修步骤与工艺要求

(1) 熟悉铣床的主要机构和运动形式，对铣床进行实际操作，了解铣床的各种工作状态及操作手柄的作用。

(2) 熟悉铣床各元件的安装位置、走线情况以及操作手柄处于不同位置时，位置开关的工作台状态及运动部件的工作情况。

(3) 在有故障的铣床上或人为设置故障的铣床上，由教师示范检修，边分析边检查，直至故障排除。

(4) 由教师设置让学生知道的故障点，指导学生从故障现象着手分析，逐步引导学生采用正确的检查步骤和检查方法进行检修。

(5) 教师设置人为的故障点，由学生按照检查步骤和检修方法进行检修。其具体要求包括：

①根据故障现象，先在电路图上用虚线正确标出故障电路的最小范围。然后采用正确的检查和排除故障方法，并在规定时间内完成。

②在排除故障的过程中，不得采用更换元器件、借用触头或改动电路的方法修复故障点。

③检修时，严禁扩大故障范围或产生新的故障，不得损坏元器件或设备。

(6) 排除故障后，要及时总结经验，并做好维修记录。记录的内容包括：工业机械的型号、名称、编号、故障发生日期、故障现象、部位、损坏的电器、故障原因、修复措施及修复后的运行情况等。记录的目的包括：作为档案以备日后维修时参考，并通过对历次故障的分析，采取相应的有效措施，防止类似事故的再次发生或对电气设备本身的设计提出改进意见等。

七、注意事项

(1) 检修前要认真阅读 X62W 铣床的电路图，熟练掌握各个控制环节的原理及作用，并认真仔细地观察教师的示范检修。

(2) 由于该类铣床的电气控制与机构的配合十分密切，因此，在出现故障时，应首先判明是机械故障还是电气故障。

(3) 修复故障使铣床恢复正常时，要注意消除出现故障的根本原因，以免频繁发生相同的故障。

(4) 停电要验电，带电检修时，必须有指导教师在现场监护，以确保用电安全。同时，做好训练记录。

(5) 工具和仪表使用要正确。

八、成绩评定

成绩评定中的具体评分标准同模块三任务一。

任务三 20/5t 桥式起重机电气控制电路检修

起重机是一种用来吊起或放下重物并使重物在短距离内水平移动的起重设备。起重设备按结构分,有桥式、门式、旋转式和缆索式等。

不同结构的起重设备分别应用在不同的场所,如建筑工地使用的塔式起重机;码头、港口使用的旋转式起重机;生产车间使用的桥式起重机;车站货场使用的门式起重机等。常见的桥式起重机有 5t、10t 单钩及 15/3t、20/5t 双钩等几种。桥式起重机一般通称为行车或天车。由于桥式起重机应用较广泛,本书以 20/5t(重量级)桥式起重机(电动双梁吊车)为例,分析起重设备的电气控制电路。

一、20/5t 桥式起重机的主要结构及运动行式

桥式起重机的结构如图 3-3-1 所示。

桥式起重机桥架机构主要由大车和小车组成,主钩 20t 和副钩 5t 组成提升机构。

大车的轨道敷设在沿车间两侧的立柱上,大车可在轨道上沿车间纵向移动;大车上有小车轨道,供小车横向移动;主钩和副钩都装在小车上,主钩用来提升重物,副钩除可提升轻物外,在其额定负载范围内也可协同主钩完成工件吊运,但不允许主、副钩同时提升两个物件。每个吊钩在单独工作时均只能起吊重量不超过额定重量的重物;当主、副钩同时工作时,物件重量不允许超过主钩起重量。这样,起重机可以在大车能够行走的整个车间范围内进行起重运输。

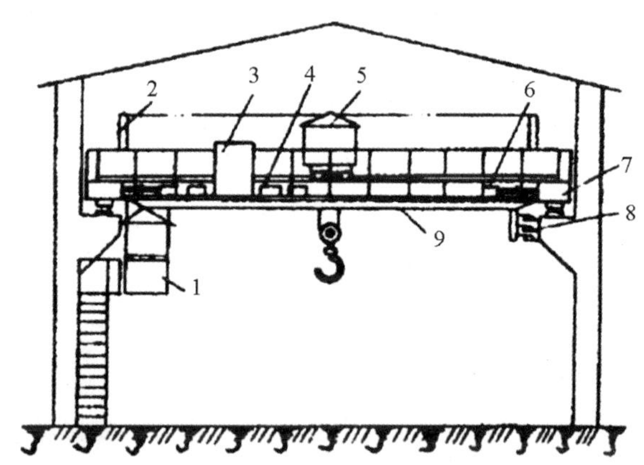

1-驾驶室 2-辅助滑触线架 3-交流磁力控制屏 4-电阻箱 5-起重小车 6-大车拖动电动机 7-端梁 8-主滑触线 9-主梁

图 3-3-1 桥式起重机的结构

二、20/5t 桥式起重机的供电特点

桥式起重机的电源电压为 380V,由公共的交流电源供给。由于起重机在工作时经常移动,并且大车与小车之间、大车与厂房之间都存在着相对运动,因此,要采用可移动的电源设备供电。一种常用方法是采用软电缆供电,软电缆可随大、小车的移动而伸展和叠卷,多用

于小型起重机(一般10t);另一种常用方法是采用滑触线和集电刷供电。三根主滑触线沿着平行于大车轨道的方向敷设在车间厂房的一侧,如图3-3-1中的“8”所示。三相交流电经由三根主滑触线与滑动的集电刷,引进起重机驾驶室内的交流保护控制柜上,再从保护控制柜引出两相电源至凸轮控制器,另一相称为电源的共同相,它直接从保护控制柜接到各电动机的定子接线端。

另外,为了便于供电及各电气设备之间的连接,在桥架的另一侧装设了21根辅助滑触线,它们的作用分别是:①用于主钩部分10根,其中3根(15区)连接主钩电动机M_5的定子绕组(5U、5V、5W)接线端;3根(15区)连接转子绕组与转子附加电阻$5R$;主钩电磁抱闸制动器YB_5、YB_6连接交流磁力控制屏2根(16区);主钩上升位置开关SQ_5连接交流磁力控制屏与主令控制器2根(21区)。②用于副钩部分6根,其中3根(4区)连接副钩电动机M_1的转子绕组与转子附加电阻$1R$;2根(4区)连接定子绕组(1U、1W)接线端与凸轮控制器AC_1;1根(9区)将副钩上升位置开关SQ_6接在交流保护柜上。③用于小车部分5根,其中3根(5区)连接小车电动机M_2的转子绕组与转子附加电阻$2R$;2根(5区)连接M_2定子绕组(2U、2W)接线端与凸轮控制器AC_2。

三、20/5t桥式起重机对电力拖动的要求

(1) 由于桥式起重机工作环境比较恶劣,不但在高温、高湿度下工作,而且经常在重载下进行频繁启动、制动、反转、变速等操作,要承受较大过载和机械冲击。因此,要求电动机具有较高的机械强度和较大的过载能力,同时还要求电动机的启动转矩大、启动电流小,故多选用绕线转子异步电动机拖动。

(2) 由于起重机的负载为恒转矩负载,所以采用恒转矩调速。当改变转子外接电阻时,电动机便可获得不同转速。但转子中加电阻后,其机械特性变软,一般重载时,转速可降低到额定转速的50%～60%。

(3) 要有合理的升降速度,空载、轻载时要求速度快,以减少辅助工时;重载时要求速度慢。

(4) 提升开始或重物下降到预定位置附近时,都需要低速,所以在30%额定速度内应分成几挡,以便灵活操作。

(5) 提升的第一级作为预备级,是为了消除传动间隙和张紧钢丝绳,以避免过大的机械冲击。所以启动转矩不能过大,一般限制在额定转矩的50%以下。

(6) 起重机的负载力矩为位能性反抗力矩,因而电动机可运转在电动状态、再生发电状态和倒拉反接制动状态。为了保证人身与设备的安全,停车必须采用可靠的制动方式。

(7) 应具有必要的零位、短路、过载和终端保护。

四、20/5t桥式起重机电气设备及控制、保护装置

桥式起重机的大车桥架跨度一般较大,两侧装置两个主动轮,分别由两台同规格电动机M_3和M_4拖动,沿大车轨道纵向两个方向同速运动。

小车移动机构由一台电动机M_2拖动,沿固定在大车桥架上的小车轨道横向两个方向运动。

主钩升降由一台电动机M_5拖动。

副钩升降由一台电动机M_1拖动。

电源总开关为 QS_1；凸轮控制器 AC_1、AC_2、AC_3 分别控制副钩电动机 M_1、小车电动机 M_2、大车电动机 M_3、M_4；主令控制器 AC_4 配合交流磁力控制屏（PQR）完成对主钩电动机 M_5 的控制。

整个起重机的保护环节由交流保护控制柜（GQR）和交流磁力控制屏（PQR）来实现。各控制电路均用熔断器 FU_1、FU_2 作为短路保护；总电源及各台电动机分别采用过电流继电器 KA_0、KA_1、KA_2、KA_3、KA_4、KA_5 实现过载和过流保护；为了保障维修人员的安全，在驾驶室舱门上装有安全开关 SQ_7；在横梁两侧栏杆上分别装有安全开关 SQ_8、SQ_9；为了在发生紧急情况时操作人员能立即切断电源，防止事故扩大，在保护控制柜上还装有一只单刀单掷的紧急开关 SQ_4。上述各开关在电路中均使用常开触头，与副钩、小车、大车的过电流继电器及总过电流继电器的常闭触头相串联。这样，当驾驶室舱门或横梁栏杆门开启时，主接触器 KM 线圈不能获电运行，即使起重机在运行中也会断电释放，使起重机的全部电动机都不能启动运转，保证人身安全。

电源总开关 QS_1、熔断器 FU_1 与 FU_2、主接触器 KM、紧急开关 SQ_4 以及过电流继电器 KA_0～KA_5 都安装在保护控制柜上。保护控制柜、凸轮控制器及主令控制器均安装在驾驶室内，以便于司机操作。

起重机各移动部分均采用位置开关作为行程限位保护。它们分别是：位置开关 SQ_1、SQ_2 是小车的前、后限位保护；位置开关 SQ_3、SQ_4 是大车的左、右限位保护；位置开关 SQ_5、SQ_6 分别作为主钩和副钩提升的限位保护。当移动部件的行程超过极限位置时，利用移动部件上的挡铁压断位置开关，使电动机断电并制动，保证了设备的安全运行。

起重机上的移动电动机和提升电动机均采用电磁抱闸制动器制动，它们分别是：副钩制动用 YB_1；小车制动用 YB_2；大车制动用 YB_3 和 YB_4；主钩制动用 YB_5、YB_6。其中 YB_1～YB_4 为两相电磁铁，YB_5 和 YB_6 为三相电磁铁。当电动机通电时，电磁抱闸制动器的线圈获电，使闸瓦与闸轮分开，电动机可以自由旋转；当电动机断电时，电磁抱闸制动器失电，闸瓦抱住闸轮使电动机被制动停止。

起重机轨道及金属桥架应当进行可靠的接地保护。

五、20/5t 桥式起重机电气控制电路分析

HK-20/5t 交流桥式起重机的电路如图 3-3-2 所示。

（一）主接触器 KM 的控制

1. 准备阶段

在起重机投入运行前，应将所有凸轮控制器手柄置于零位，零位连锁触头 AC_{1-7}、AC_{2-7}、AC_{3-7}（均在 10 区）处于闭合状态。合上紧急开关 SQ_4（11 区），关好舱门和横梁栏杆门，使位置开关 SQ_7、SQ_8、SQ_9 的常开触头（11 区）也处于闭合状态。

2. 启动运行阶段

合上电源开关 QS_1，按下保护控制柜上的启动按钮 SB（10 区），主接触器 KM 线圈（12 区）吸合，KM 主触头（3 区）闭合，使两相电源（U_{12}、V_{12}）引入各凸轮控制器，另一相电源（W_{13}）直接引入各电动机定子绕组接线端。此时由于各凸轮控制器手柄均在零位，故电动机不会运转。同时，主接触器 KM 两副常开辅助触头（8 区、10 区）闭合自锁。当松开启动按

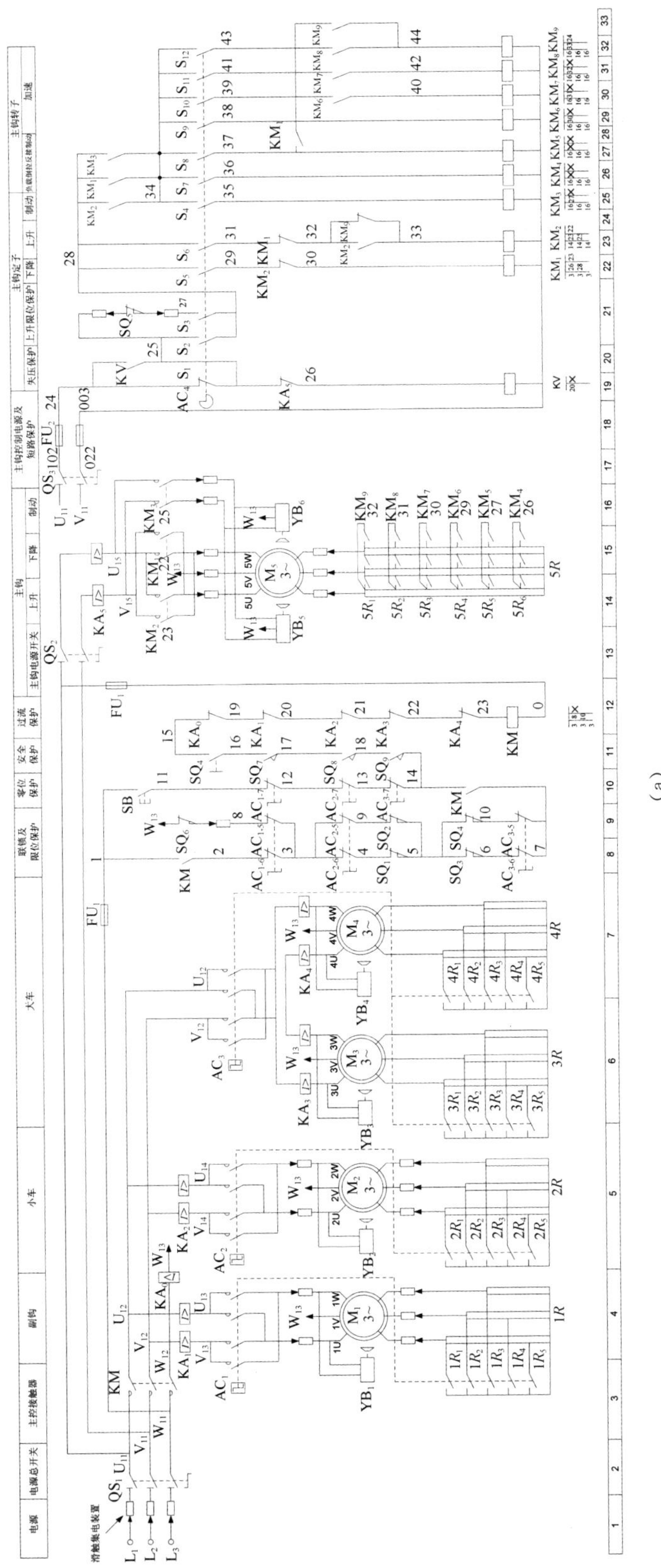
电源
电源总开关
主控接触器
副钩
小车
大车
联锁及限位保护
零位保护
安全保护
过流保护
主钩电源开关
主钩
上升
下降
制动
主钩控制电源及短路保护
失压保护
上升限位保护
主钩定子
主钩转子
加速
滑触集电装置

(a)

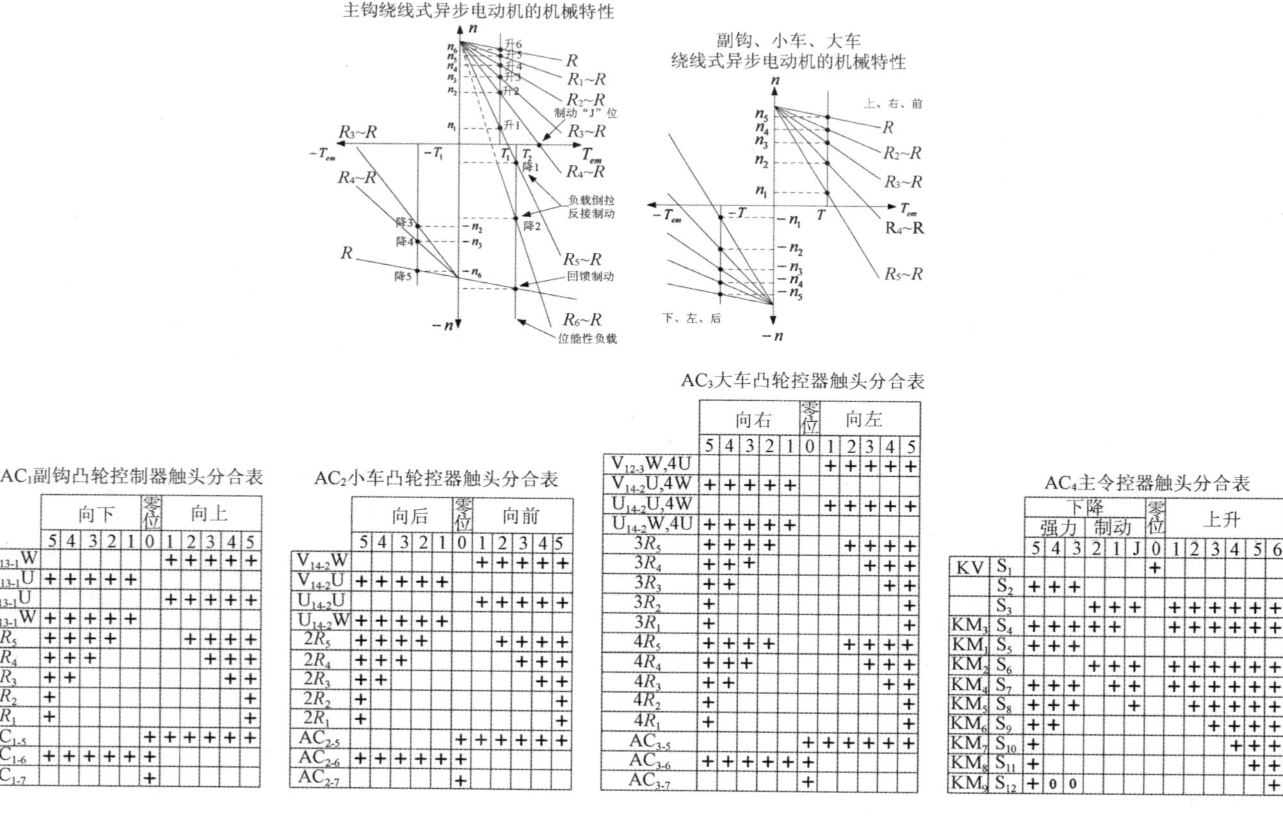

AC₁副钩凸轮控制器触头分合表

	向下					零位	向上				
	5	4	3	2	1	0	1	2	3	4	5
$V_{13-1}W$							+	+	+	+	+
$V_{13-1}U$	+	+	+	+	+						
$U_{13-1}U$							+	+	+	+	+
$U_{13-1}W$	+	+	+	+	+						
$1R_5$	+	+	+	+				+	+	+	+
$1R_4$	+	+	+						+	+	+
$1R_3$	+	+								+	+
$1R_2$	+										+
$1R_1$	+										+
AC_{1-5}						+	+	+	+	+	+
AC_{1-6}	+	+	+	+	+	+					
AC_{1-7}						+					

AC₂小车凸轮控器触头分合表

	向后					零位	向前				
	5	4	3	2	1	0	1	2	3	4	5
$V_{14-2}W$							+	+	+	+	+
$V_{14-2}U$	+	+	+	+	+						
$U_{14-2}U$							+	+	+	+	+
$U_{14-2}W$	+	+	+	+	+						
$2R_5$	+	+	+	+				+	+	+	+
$2R_4$	+	+	+						+	+	+
$2R_3$	+	+								+	+
$2R_2$	+										+
$2R_1$	+										+
AC_{2-5}						+	+	+	+	+	+
AC_{2-6}	+	+	+	+	+	+					
AC_{2-7}						+					

AC₃大车凸轮控器触头分合表

	向右					零位	向左				
	5	4	3	2	1	0	1	2	3	4	5
$V_{12-3}W$,4U							+	+	+	+	+
$V_{14-2}U$,4W	+	+	+	+	+						
$U_{14-2}U$,4W							+	+	+	+	+
$U_{14-2}W$,4U	+	+	+	+	+						
$3R_5$	+	+	+	+				+	+	+	+
$3R_4$	+	+	+						+	+	+
$3R_3$	+	+								+	+
$3R_2$	+										+
$3R_1$	+										+
$4R_5$	+	+	+	+				+	+	+	+
$4R_4$	+	+	+						+	+	+
$4R_3$	+	+								+	+
$4R_2$	+										+
$4R_1$	+										+
AC_{3-5}						+	+	+	+	+	+
AC_{3-6}	+	+	+	+	+	+					
AC_{3-7}						+					

AC₄主令控器触头分合表

		下降						零位	上升					
		强力			制动									
		5	4	3	2	1	J	0	1	2	3	4	5	6
KV	S_1							+						
	S_2	+	+	+										
	S_3				+	+	+		+	+	+	+	+	+
KM_3	S_4	+	+	+	+	+			+	+	+	+	+	+
KM_1	S_5	+	+	+										
KM_2	S_6				+	+	+		+	+	+	+	+	+
KM_4	S_7	+	+	+		+	+		+	+	+	+	+	+
KM_5	S_8	+	+	+			+			+	+	+	+	+
KM_6	S_9	+	+								+	+	+	+
KM_7	S_{10}	+										+	+	+
KM_8	S_{11}	+											+	+
KM_9	S_{12}	+	0	0										+

(b)

图 3-3-2　KH-20/5t 桥式起重机电气原理

钮 SB 后，主接触器 KM 线圈经 1→2→3→4→5→6→7→14→18→17→16→15→19→20→21→22→23→KM 线圈→001→FU_1，形成通路，获电自锁。

（二）凸轮控制器控制大、小车和副钩

起重机的大车、小车和副钩电动机容量都较小，一般采用凸轮控制器控制。

由于大车被两台电动机 M_3 和 M_4 同时拖动，所以大车凸轮控制器 AC_3 比 AC_1 和 AC_2 多用了 5 对常开触头，以供切除电动机 M_4 的转子电阻 $4R_1$～$4R_5$ 用。大车、小车和副钩的控制过程基本相同。下面以副钩为例，说明控制过程。

副钩凸轮控制器 AC_1 共有 11 个位置，中间位置是零，左、右两边各有 5 个位置，用来控制电动机 M_1 在不同速度下的正、反转，即用来控制副钩的升、降。AC_1 共有 12 对触头，其中 4 对主触头控制 M_1 定子绕组的电源，并换接电源相序以实现 M_1 的正反转；5 对辅助触头控制 M_1 转子电阻 $1R$ 的切换；三对辅助触头作为连锁触头，其中 $AC_{1\text{-}5}$ 和 $AC_{1\text{-}6}$ 为副钩提供上、下行电路通路，$AC_{1\text{-}7}$ 为零位连锁触头。

在总电源开关 QS_1 接通、主接触器 KM 线圈获电吸合情况下，转动凸轮控制器 AC1 的手轮至向上的“1”位置时，AC_1 的主触头 V_{13}～1W 和 U_{13}～1U 闭合，触头 $AC_{1\text{-}5}$（9 区）闭合，$AC_{1\text{-}6}$（8 区）和 $AC_{1\text{-}7}$（10 区）断开，电动机 M_1 接通三相电源正转（此时电磁抱闸 YB_1 获电，闸瓦与闸轮已分开），由于 5 对常开辅助触头（3 区）均断开，故 M_1 转子回路中串接全部附加电阻 $1R$ 启动，M_1 以最低转速带动副钩上升。转动 AC_1 手轮，依次到向上的“2”～“5”位时，5 对常开辅助触头依次闭合，短接电阻 $1R_5$～$1R_1$，电动机 M_1 的转速逐渐升高，直到预定转速。

当凸轮控制器 AC_1 的手轮转至向下挡位时，这时，由于触头 V_{13}～1U 和 U_{13}～1W 闭合，接入电动机 M_1 的电源相序改变，M_1 反转，带动副钩下降。

若断电或将手轮转至向下挡位“0”位时，电动机 M_1 断电，同时电磁抱闸制动器 YB_1 也断电，M_1 被迅速制动停转。副钩带有重负载时，考虑到负载的重力作用，在下降负载时，应先把手轮逐级扳到“下降”的最后一挡，然后根据速度要求逐级退回升速，以免引起快速下降而造成事故。

（三）主令控制器控制主钩

主钩电动机是桥式起重机容量最大的一台电动机，一般采用主令控制器配合磁力控制屏进行控制，即用主令控制器控制接触器，再由接触器控制电动机。为提高主钩电动机 M_5 运行的稳定性，在切除转子附加电阻时，采取三相平衡切除，使三相转子电流平衡。

主钩运行有升、降两个方向，主钩上升与副钩的工作过程基本相似，区别仅在于它是通过接触器来控制的。

主钩下降时与副钩的动作过程有较明显的差异。主钩下降有 6 挡位置。“J”“1”“2”挡为制动下降位置，防止主钩在吊有重物下降时速度过快，电动机处于倒拉反接制动运行状态；“3”“4”“5”挡为强力下降位置，主要用于空载或轻负载时快速强力下降。主令控制器在下降位置时，6 个挡位的工作情况如下：

合上电源开关 QS_1（2 区）、QS_2（13 区）、QS_3（17 区），接通主电路和控制电路电源，主令控制器 AC_4 手柄置于零位，触头 S_1（19 区）处于闭合状态，电压继电器 KV 线圈（19 区）获电吸合，其常开触头（20 区）闭合自锁，为主钩电动机 M_5 启动控制做好准备。

1. AC_4 手柄扳到制动下降位置"J"挡

由主令控制器 AC_4 的触头分合表可知，此时常闭触头 S_1（19 区）断开，常开触头 S_3（21 区）、S_6（23 区）、S_7（26 区）、S_8（27 区）闭合。触头 S_3 闭合，位置开关 SQ_5（21 区）串入电路起上升限位保护作用；触头 S_6 闭合，提升接触器 KM_2 线圈（23 区）获电，KM_2 连锁触头（22 区）分断对 KM_1 连锁，KM_2 主触头（14 区）和自锁触头（23 区）闭合，电动机 M_5 定子绕组通入三相正序电源，KM_2 常开辅助触头（25 区）闭合，为切除各级转子电阻 $5R$ 的接触器 KM_4～KM_9 和制动接触器 KM_3 接通电源作准备；触头 S_7、S_8 闭合，接触器 KM_4（26 区）和 KM_5（27 区）线圈获电吸合，KM_4、KM_5 常开触头（13 区、14 区）闭合，转子切除两级附加电阻 $5R_6$ 和 $5R_5$。这时，尽管电动机 M_5 已接通电源，但由于主令控制器的常开触头 S_4（25 区）未闭合，接触器 KM_3（25 区）线圈不能获电，故电磁抱闸制动器 YB_5、YB_6 线圈也不能获电，制动器未释放，电动机 M_5 仍处于抱闸制动状态，因而电动机虽然加正序电源产生正向（提升）电磁转矩，电动机 M_5 也不能启动旋转。这一挡是下降准备挡，将齿轮等传动部件啮合好，以防下放重物时突然快速下降而使传动机构受到剧烈的冲击。手柄置于"J"挡时，时间不宜过长，以免烧坏电气设备。

2. AC_4 手柄扳到制动下降位置"1"挡

此时主令控制器 AC_4 的触头 S_3、S_4、S_6、S_7 闭合，触头 S_3 和 S_6 仍闭合，保证串入提升限位开关 QS_5 和正向接触器 KM_2 通电吸合；触头 S_4 和 S_7 闭合，使制动接触器 KM_3 和接触器 KM_4 获电吸合，电磁抱闸制动器 YB_5 和 YB_6 的抱闸松开，转子切除一级附加电阻 $5R_6$。这时电动机 M_5 能自由旋转，可运转于正向电动状态（空载或轻载）或倒拉反接制动状态（低速下放重物）。当重物产生的负载倒拉力矩大于电动机产生的正向电磁转矩时，电动机 M_5 运转在负载倒拉反接制动状态，低速下放重物；反之，则吊物不但不能下降反而被提升，这时必须把 AC_4 的手柄迅速扳到下一挡。

接触器 KM_3 通电吸合时，与 KM_2 和 KM_1 常开触头（25 区、26 区）并联的 KM_3 的自锁触头（27 区）闭合自锁，以保证主令控制器 AC_4 进行制动下降"2"挡和强力下降"3"挡切换时，KM_3 线圈仍通电吸合，YB_5 和 YB_6 处于非制动状态，防止换挡时出现高速制动而产生强烈的机械冲击。

3. AC_4 手柄扳到制动下降位置"2"挡

此时主令控制器触头 S_3、S_4、S_6 仍闭合，触头 S_7 分断，接触器 KM_4 线圈断电释放，附加电阻全部接入转子回路，使电动机产生的电磁转矩减小，重负载下降速度比"1"挡时加快。这样，操作者可根据重负载情况及下降速度要求，适当选择"1"挡或"2"挡下降。

4. AC_4 手柄扳到强力下降位置"3"挡

主令控制器 AC_4 的触头 S_2、S_4、S_5、S_7、S_8 闭合。触头 S_2 闭合，此时主钩上升限位开关 SQ_5（21 区）失去保护作用，上升通路切换为下降通路，控制电路的电源通路改由触头 S_2 控制；触头 S5 和 S4 闭合，下降接触器 KM_1 和制动接触器 KM_3 获电吸合，电动机 M_5 定子绕组接入三相反序电源，电磁抱闸 YB_5 和 YB_6 的抱闸松开，电动机 M_5 产生反向（下降）电磁转矩；触头 S_7 和 S_8 闭合，接触器 KM_4 和 KM_5 获电吸合，转子中切除两级电阻 $5R_6$ 和 $5R_5$。这时，电动机 M_5 运转在反转电动状态（强力下降重物），且下降速度与负载重量有关。若负载较轻（空钩或轻载），则电动机 M_5 处于反转电动状态；若负载较重，下放重物的速度很高，会使电动机转速超过同步转速，则电动机 M_5 将进入再生发电的制动状态。负载越重，下降速度越快，应注意操作安全。

5．AC_4 手柄扳到强力下降位置“4”挡

主令控制器 AC_4 的触头除“3”挡闭合的触头外，又增加了触头 S_9 闭合，接触器 KM_6（29区）线圈获电吸合，转子附加电阻 $5R_4$ 被切除，主钩电动机 M_5 产生反向（下降）电磁转矩，在相同负载情况下，重物加速下降。另外 KM_6 常开辅助触头（30 区）闭合，为接触器 KM_7 线圈获电做准备。

6．AC_4 手柄扳到强力下降位置“5”挡

主令控制器 AC_4 的触头除“4”挡闭合的触头外，又增加了触头 S_{10}、S_{11}、S_{12} 闭合，接触器 KM_7～KM_9 线圈依次获电吸合（因在每个接触器的支路中，串接了前一个接触器的常开触头），转子附加电阻 $5R_3$、$5R_2$、$5R_1$ 依次逐级切除，以避免过大的冲击电流，同时电动机 M_5 旋转速度逐渐增加，待转子电阻全部切除后，主钩电动机 M_5 产生最大反向（下降）电磁转矩，在相同负载情况下，重物继续加速下降。

起重机在主钩强力下降各挡位工作时，若负载很重，在重物重力加速度的作用下主钩下降的速度会越来越快，导致主钩电动机的实际转速超过同步转速，则主钩电动机 M_5 将工作在再生发电制动状态，主钩电动机的电磁转矩成为制动力矩，减缓重物下降速度，以防下降速度过快产生事故，且在相同负载情况下，强力下降“5”挡时产生的制动力矩要比“4”和“3”挡大。

由以上分析可见，主令控制器 AC_4 手柄置于制动下降位置“J”“1”“2”挡时，电动机 M_5 加正序电源，其中“J”挡为准备挡。当负载较重时，“1”挡和“2”挡电动机都运转在负载倒拉反接制动状态，可获得重载低速下降，且“2”挡比“1”挡速度快。若负载较轻时，电动机会运转于正向电动状态，重物不但不能下降，反而会被提升。

当 AC_4 手柄置于强力下降位置“3”“4”“5”挡时，电动机 M_5 加反序电源。若负载较轻或空载时，电动机工作在电动状态，强力下放吊物，“5”挡速度最高，“3”挡速度最低；若负载较重，则可能使主钩电动机实际转速超过同步转速，电动机工作在再生发电制动状态，且“3”挡速度最高，“5”挡速度最低。由于“3”和“4”挡的下降速度较快，很不安全，因而通常在“3”和“4”挡只是短暂停留，操作人员通常都是直接进挡至“5”挡。

桥式起重机在实际运行中，操作人员要根据具体情况选择不同的挡位。例如，强力下降位置“5”挡，仅适用于起重负载较小的场合。如果需要较低的下降速度或起重负载较大的情况下，就需要把主令控制器手柄扳回到制动下降位置“1”挡或“2”挡，进行反接制动下降。这时，必然要通过“4”挡和“3”挡。为了避免在转换过程中可能发生过高的下降速度，在接触器 KM_9 电路中常用辅助常开触头 KM_9（33 区）自锁。同时，为了不影响提升调速，故在该支路中再串联一个常开辅助触头 KM_1（28 区）。这样可以保证主令控制器手柄由强力下降位置向制动下降位置转换时，接触器 KM_9 线圈始终得电，只有手柄扳至制动下降位置后，接触器 KM_9 线圈才断电。在主令控制器 AC_4 触头分合表中可以看到，强力下降位置“4”挡、“3”挡上有“0”的符号，便表示手柄由“5”挡向“0”位回转时，触头 S_{12} 接通。如果没有以上连锁装置，在手柄由强力下降“5”位置向制动下降“2”位置转换时，若操作人员不小心，误把手柄停在了“3”挡或“4”挡，那么正在高速下降的重物速度不但得不到控制，反而会进一步加快，很可能造成恶性事故。

另外，串接在 KM_2 接触器线圈支路中的 KM_2 常开触头（23 区）与 KM_9 常闭触头（24

区)并联,主要作用是当接触器 KM_1 线圈断电释放后,只有在 KM_9 线圈断电释放情况下,接触器 KM_2 线圈才允许获电并自锁,这就保证了只有在转子电路串接全部附加电阻的前提下,进行反接制动,才能防止反接制动时产生过大的冲击电流。电压继电器 KV 实现主令控制器 AC_4 的零位保护。

20/5t 桥式起重机电气元件明细如表 3-3-1 所示。

表 3-3-1　20/5t 桥式起重机电气元件明细

代号	名称	型号	数量	备注
M_5	主钩电动机	YZR-315M-10,75kW	1	
M_1	副钩电动机	YZR-200L-8,15kW	1	
M_2	小车电动机	YZR-132MB-6,3.7kW	1	
M_3、M_4	大车电动机	YZR-160MB-6,7.5kW	2	
AC_1	副钩凸轮控制器	KTJ1-50/1	1	控制副钩电动机
AC_2	小车凸轮控制器	KTJ1-50/1	1	控制小车电动机
AC_3	大车凸轮控制器	KTJ1-50/5	1	控制大车电动机
AC_4	主钩主令控制器	LK1-12/90	1	控制主钩电动机
YB_1	副钩电磁抱闸制动器	MZD1-300	1	副钩制动
YB_2	小车电磁抱闸制动器	MZD1-100	1	小车制动
YB_3、YB_4	大车电磁抱闸制动器	MZD1-200	2	大车制动
YB_5、YB_6	主钩电磁抱闸制动器	MZS1-45H	1	主钩制动
$1R$	副钩电阻器	2K1-41-8/2	1	副钩电动机启动、调速
$2R$	小车电阻器	2K1-12-6/1	1	小车电动机启动、调速
$3R$、$4R$	大车电阻器	4K1-22-6/1	2	大车电动机启动、调速
$5R$	主钩电阻器	4P5-63-10/9	1	主钩电动机启动、调速
QS_1	总电源开关	HD-9-400/3	1	接通总电源
QS_2	主钩电源开关	HD11-200/2	1	接通主钩电源
QS_3	交流磁力屏电源开关	DZ5-50	1	接通主钩电动机控制电源
SQ_4	紧急开关	BL-3161	1	发生紧急情况时断开
SB	启动按钮	LA19-11	1	启动主接触器
KM	主接触器	CJ2-300/3	1	接通大车、小车、副钩电源
KA_0	总过电流继电器	JL4-200/1	1	总过流保护
KA_1	副钩过电流继电器	JL4-40	1	副钩过流保护

续 表

代号	名称	型号	数量	备注
KA_2～KA_4	大、小车过电流继电器	JL4-15	3	大、小车过流保护
KA_5	主钩过电流继电器	JL4-150	1	主钩过流保护
FU_1	控制电路短路保护熔断器	RL1-15	2	控制电路短路保护
FU_2	磁力屏短路保护熔断器	RL1-15	2	磁力屏短路保护
KM_1、KM_2	主钩升、降接触器	CJ2-250	2	控制主钩电动机旋转
KM_3	主钩制动接触器	CJ2-75/2	1	控制主钩电磁抱闸制动
KM_4～KM_9	主钩调速接触器	CJ2-75/3	5	切换主钩转子附加电阻
KV	欠电压继电器	JT4-10P	1	主钩欠压保护
SQ_5	主钩上升限位开关	LK4-31	1	主钩上升限位保护
SQ_6	副钩上升限位开关	LK4-31	1	副钩限位保护
SQ_1～SQ_4	大、小车限位开关	LK4-31	2	大、小车限位保护
SQ_7～SQ_9	安全门开关	LX2-111	1	舱门和栏杆门安全保护

六、实训内容

(一) 目的要求

掌握 20/5t 交流桥式起重机电气控制电路常见故障的分析及检修方法。

(二) 工具及仪表

工具包括：测电笔、电工刀、尖嘴钳、斜口钳、剥线钳、螺钉旋具、活络扳手等。仪表包括：MF30 型万用表、T301-A 型钳形电流表、5050 型兆欧表。

七、电气电路常见故障分析

桥式起重机的结构复杂，工作环境比较恶劣，某些主要电气设备和元件密封条件较差，同时工作频繁，故障率较高。为保证人身与设备的安全，必须坚持经常性的维护保养和检修。今将常见故障现象及原因分述如下。

(一) 合上电源总开关 QS_1 并按下启动按钮 SB 后，主接触器 KM 不吸合

产生这种故障的原因可能是：①控制电路熔断器 FU_1 熔断，电路无电压；②紧急开关 SQ_4 或安全门开关 SQ_7、SQ_8、SQ_9 未闭合；③各凸轮控制器手柄没有在零位，AC_{1-7}、AC_{2-7}、AC_{3-7}触头分断；④过电流继电器 KA_0 或 KA_1～KA_4 过电流动作后未复位；⑤主接触器 KM 线圈回路断路等。

(二) 主接触器 KM 得电吸合后，过电流继电器 KA_1～KA_4 立即动作

产生这种故障的原因可能是：①凸轮控制器 AC_1～AC_3 电路接地；②电动机 M_1～M_4 绕组接地；③电磁抱闸 YB_1～YB_4 线圈接地等。

（三）当电源接通并转动凸轮控制器手轮后，电动机不启动

产生这种故障的原因可能是：①电磁抱闸制动器线圈断路或制动器未放松；②凸轮控制器主触头接触不良；③电动机电刷与集电环接触不良；④电动机定子绕组或转子绕组断路等。

（四）电动机启动运转后，输出功率不足及转速明显减慢

产生这种故障的原因可能是：①供电质量差，电路压降较大；②电磁抱闸制动器未完全松开；③转子电路中的附加电阻接触不良等。

（五）电磁抱闸制动器线圈过热、噪声大

产生这种故障的原因可能是：①线圈匝间短路；②铁芯短路环开路；③动、静铁芯端面有异物，电磁铁过载等。

（六）主钩既不能上升又不能下降

产生这种故障的原因可能是：①磁力屏短路保护熔断器 FU_2 熔断，电路无电压；②过电流继电器 KA_5 过电流动作后未复位；③欠电压继电器 KV 未得电吸合；④电磁抱闸制动器线圈开路未松闸；⑤主令控制器 AC_4 的触头接触不良等。

（七）凸轮控制器在转动过程中火花过大

产生这种故障的原因可能是：①动、静触头接触不良；②控制容量过大等。

根据以上桥式起重机的故障现象和产生故障的原因，采取相应的修复措施即可。

八、检修步骤与工艺要求

(1) 在操作老师指导下，熟悉 20/5t 交流桥式起重机的结构和各种操作控制以及注意事项。

(2) 在教师指导下，参照 20/5t 交流桥式起重机电路图，搞清各元件的安装位置及布线情况，弄清各元件的作用。

(3) 在 20/5t 交流桥式起重机上人为设置故障点，由教师示范检修。

(4) 由教师设置让学生事先知道的故障点，指导学生如何从故障现象着手进行分析，逐步引导学生采用正确的检修步骤和检修方法。

(5) 教师设置故障点，由学生检修。其具体要求包括：

①学生根据故障现象，能在电路图中标出最小故障范围。

②在排除故障时，必须修复故障点，不得采用元件代换法、借用触头及改动电路等方法。

③检修时，严禁扩大故障范围或产生新的故障。

④排除故障的思路应清楚，检查方法应得当。

⑤排除故障后，要及时总结经验，并做好维修记录。记录的内容包括：工业机械的型号、名称、编号、故障发生日期、故障现象、部位、损坏的电器、故障原因、修复措施及修复后的运行情况等。记录的目的包括：作为档案以备日后维修时参考，并通过对历次故障的分析，采取相应的有效措施，防止类似事故的再次发生或对电气设备本身的设计提出改进意见等。

九、注意事项

（1）由于在空中作业，检修时必须确保安全，防止发生坠落事故。

（2）在进行检修时，必须思想集中，要备好需要用的全部工具。使用时手要捏紧，防止工具坠落造成伤人事故。在起重机移动时不准走动，停止时走动也应手扶栏杆，防止发生意外。

（3）参观、检修必须在起重机停止工作而且在切断电源时进行，不准带电操作。

（4）更换损坏元件或修复后，不得降低原电气装置的固有性能。

十、成绩评定

成绩评定中的具体评分标准同模块三任务一。

模块四　电子技术应用

任务一　单相桥式整流、滤波电路的安装

一、实训目的

(1) 掌握单相桥式整流、滤波电路的工作原理。

(2) 掌握单相桥式整流、滤波电路的安装工艺及方法。

(3) 掌握单相桥式整流、滤波电路的故障维修技能。

二、电气原理图

单相桥式整流、滤波电路原理如图 4-1-1 所示。

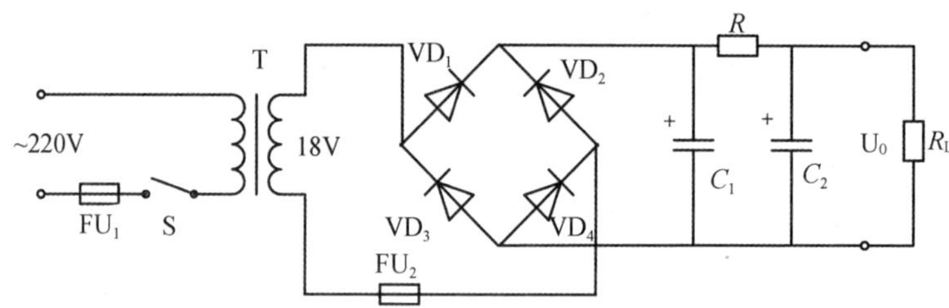

图 4-1-1　单相桥式整流、滤波电路

三、电路原理分析

(一) 电路原理分析

电路原理如图 4-1-1 所示，220V 交流电经过变压器降压后，得到 18V 的交流电，再经 $VD_1 \sim VD_4$ 组成的单相桥式整流，成为脉动的直流电，再经 C_1、R、C_2 组成的 π 形滤波电路滤波，成为较平稳的直流电。

(二) 元件明细

元件明细如表 4-1-1 所示。

表 4-1-1　元件明细

序号	符号	名称	型号与规格	数量
1	S	开关		1
2	T	变压器	BK50，220V/18V	1

续 表

序号	符号	名称	型号与规格	数量
3	$VD_1 \sim VD_4$	二极管	1N4007	4
4	$C_1 \sim C_2$	电容器	100μF,50V	2
5	R	电阻	51Ω,1W	1
6	FU_1	熔断器	B×0.1A	1
7	FU_2	熔断器	B×0.5A	1
8	R_L	负载电阻	1kΩ,1W	1

四、安装工艺步骤

（一）清点元器件，并运用万用表简单测试元器件质量

1. 色环电阻的识别

(1) 标志方法

用彩色的圆环或彩点表示电阻的标称值及偏差。前者叫色环标志，后者叫色点标志。色环与色点所表示的含义相同。

(2) 色环标志代表的含义

各色环电阻标志代表的含义如图 4-1-2 所示，各色环电阻颜色与环位的对照关系如表 4-1-2 所示。

①四色环电阻

第一环：电阻值的第一位数字；

第二环：电阻值的第二位数字；

第三环：乘数；

第四环：误差值。

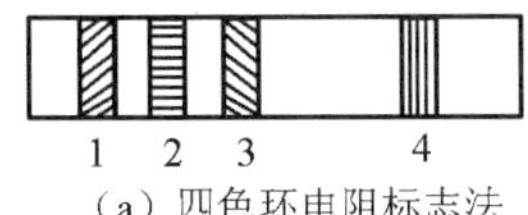

(a) 四色环电阻标志法

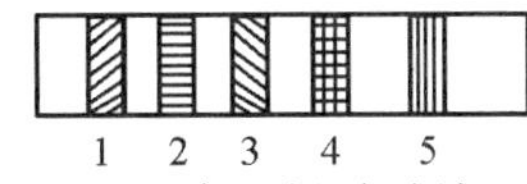

(b) 五色环电阻标志法

图 4-1-2 色环电阻标志

②五色环电阻

第一环：电阻值的第一位数字；

第二环：电阻值的第二位数字；

第三环：电阻值的第三位数字；

第四环：乘数；

第五环：误差值。

表 4-1-2　各色环电阻颜色与环位的对照关系

颜色	第一环（第一位数值）	第二环（第二位数值）	第三环（乘数）	误差值
无色	—	—	—	±20%
银色	—	—	0.01Ω	±10%
金色	—	—	0.1Ω	±5%
黑色	0	0	1Ω	—
棕色	1	1	10Ω	±1%
红色	2	2	100Ω	±2%
橙色	3	3	1kΩ	—
黄色	4	4	10kΩ	—
绿色	5	5	100kΩ	±0.5%
蓝色	6	6	1MΩ	±0.25%
紫色	7	7	10MΩ	±0.1%
灰色	8	8	100MΩ	—
白色	9	9	1000MΩ	—

2. 电容的测试

通常使用万用表的欧姆挡来判定电容器的性能和好坏、对比电容器的容量大小、判别电解电容的极性等，要注意欧姆挡的量程应与电容器的大小成反比，即电容量越大，量程应选得越小。例如，5000pF～1μF 的电容应选用 $R\times10$k 挡，1～20μF 的电容应选用 $R\times1$k 挡，20μF 以上的电容应选用 $R\times10$ 或 $\times100$ 挡，5000pF 以下的电容则应选择专门的电容表测量。

(1) 固定值电容器的性能好坏判别

用表棒接触电容器两极时，表头指针应先正方向偏转，然后慢慢反方向复原，退到“∞”处，如果不能复原，则稳定后的读数表示电容器漏电的电阻值。其阻值一般为几百到几千欧姆，阻值越大，电容器的绝缘性能就越好。如果在测试过程中，表头指针无偏摆现象，说明电容器内部已断路，不能再使用。

(2) 对比电容器容量的大小

用表棒接触电容器两端时，表头指针先正偏，然后慢慢复原，接着对调红黑表棒，表头指针又偏摆，偏摆幅度较前次大，并又慢慢复原，这就是电容充电、放电的情形。电容器的容量越大，表头指针偏摆幅度就越大，指针复原的速度就越慢。根据指针偏摆的幅度可粗略对比不同电容其电容量的大小。

(3) 电解电容器极性的判别

根据电解电容器正接时漏电小、反接时漏电大的现象可判别其极性。用欧姆挡高阻挡测量电解电容器漏电阻值，然后将两表棒对调一下测量漏电阻值的大小，对比两次测量结果，测得电阻值大的一次，黑表棒所接的是正极。

电容器常有短路、断路、漏电等现象。在使用前必须认真检查,正确判别。

3. 晶体二极管的简易判别

(1) 性能判别

如图 4-1-3 所示,晶体二极管正反向电阻相差越大越好,两者相差越大,表明二极管的单向导电性能越好。如果测量的正反向电阻值很接近,表明管子已坏;若正反向电阻值都很小或为 0,则说明管子已被击穿,两者已短路;若正反相电阻值都很大,则说明管子已断路,不能使用。

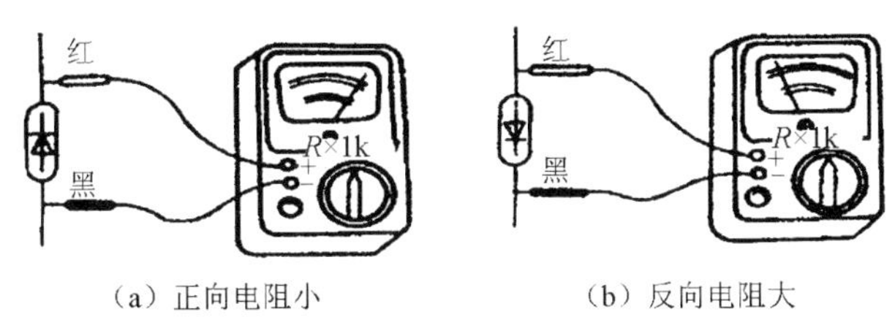

(a) 正向电阻小　　(b) 反向电阻大

图 4-1-3　二极管性能简易判别

(2) 极性判别

在测试正反向电阻时,当测得的正反向电阻值较小时,与黑表棒相连的那个电极是二极管的正极;当测得的电阻值较大时,与黑表棒相连的为二极管的负极。由于二极管的正反向电阻不是常数,所以一个二极管的正反向电阻用不同的电阻挡测量所得结果会有较大的差别。

二极管的极性以万用表判别为准,二极管的正向电流和反向峰值电压不可超过允许范围,容性负载时必须留有余地。焊接时,烙铁功率不大于 45W,焊接时间不超过 3s。

(二) 元件引脚处理

(1) 清除元件引脚处的氧化层。

(2) 清除空心铆钉板上的氧化层。

(3) 将元器件整形后进行板面布置,如图 4-1-4 所示。

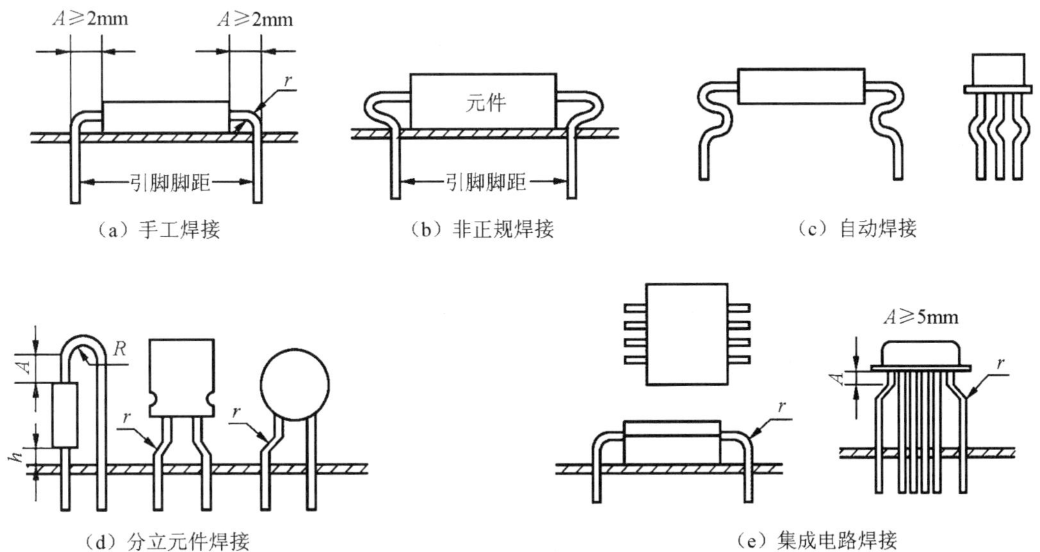

(a) 手工焊接　　(b) 非正规焊接　　(c) 自动焊接

(d) 分立元件焊接　　(e) 集成电路焊接

$r \geqslant 2d$(d 为引脚直径)

图 4-1-4　常见的几种焊接方式与引脚成形形状

（三）其他安装步骤

（1）按图焊接，铆钉板安装还要进行板后连线。

（2）检查有无虚焊、漏焊、错焊等。

（3）无误后，通知教师并通电测试。

（4）整理工位，记录相关数据，完成实训报告。

五、通电调试

电子电路调试包括调整和测试两部分。调整主要是对电路参数的调整，如对电阻、电容等进行调整，使电路达到预定的功能和性能要求；测试主要是对电路的各项技术指标和功能进行测量与试验，并与设计的性能指标进行比较，以确定电路是否合格。电路测试既是电路调整的依据，也是检验结论的判断依据。

（一）调试前检查

电子电路装接完毕后，不要急于通电测试，应首先做好以下调试前的检查工作。

1．检查连线情况

对于安装在铆钉板上或印刷板上的实验电路，尽管通常连线数量不是很多，但总还是不可避免，因而连线错误的发生也就在所难免。经常碰到的有错接（指连线的一端正确，而另一端误接）、少接（指安装时漏接的线）及多接（指在电路上完全是多余的连线）等连线错误。检查连线一般可直接对照电路原理图进行，若电路中布线较多，则可以以元器件为中心，依次检查其引脚的有关连线。这样不仅可以查出错接或少接的线，而且也较易发现多余的线。为确保连线的可靠，在查线的同时，还可以用万用表电阻挡对接线做连通检查，而且最好在器件外引线处测量，这样有可能查出某些“虚焊”的隐患。

2．检查元器件装接情况

元器件的检查，重点要检查三极管、二极管、电解电容等外引线与极性有否接错，以及外引线间有否短路，同时还需检查元器件焊接处是否可靠。这里需要指出的是，在焊接前，必须对元器件进行筛选，以免给调试带来麻烦。

3．检查电源输入端与公共接地端间有否短路

在通电前，还需用万用表检查电源输入端与地之间是否存在短路，若有，则需进一步检查其原因。

在完成了以上各项检查并确认无误后，才可通电调试，但此时应注意电源的正、负极性不能接反。

（二）电子电路调试

调试方法通常采用先分调后联调（总调）的方式。任何一种复杂电路实际上都是由一些基本单元电路组成的，因此，调试时可以循着电流或信号的流向，由前向后逐级调整各单元电路。其思想方法是由局部到整体，即在分步完成各单元电路调试的基础上，逐步扩大调试范围，最后完成整机调试。采用这种调试方法的最大优点是能及时、准确地发现和解决问题。

按照上述调试原则，具体调试步骤包括以下几个方面。

1. 通电观察

先将电源调到要求值,然后再接入电路。此时,观察电路有无异常现象,包括有无冒烟、是否有异常气味、手摸元器件是否发烫以及电源有否被短路等。如果出现异常,应立即切断电源,并待排除故障后才能再次通电。经过通电观察,确认电路已能进行测量后,方可转入正常调试。对于电子电路,它的一个重要特点是交、直流并存,而且直流又是电路正常工作的基础。因此,无论是分调还是联调,都应遵循先调静态、后调动态的原则。

2. 静态调试

静态调试是指直流测试和调整过程。对于放大电路而言,通常为防止外界干扰信号窜入电路,输入端与地之间往往需要短接。测量静态工作点的基本工具是万用表,为测量方便,往往是用万用表直流电压挡测量各晶体管 c、b、e 引脚对地的电压,然后计算各管的集电极电流等静态参数。但测试时,必须时时考虑到万用表电压挡内阻对被测电路的影响。通过静态测试,可以及时发现已经损坏的元器件,判断电路工作状态,并及时调整电路参数,使电路工作状态符合要求。

3. 动态调试

动态调试是在静态调试的基础上进行的。在电路的输入端接入合适的信号或者输出端接上负载,然后采用跟踪法,即跟踪信号或者电流的传递方向,逐级检查各有关点的波形和电压、电流的大小,从中发现问题,并予以调整。

(三) 电子电路故障排除

在电子电路的设计、安装与调试过程中,不可避免地会出现各种各样的故障现象,所以检查和排除故障是电气工程人员必备的实际技能。面对一个电路,故障可能是五花八门的,这就要求掌握正确方法。一般来说,故障诊断过程包括:从故障现象出发,通过反复测试,做出分析判断,逐步找出故障原因。在具体讨论排除故障方法之前,不妨先看一下常见的一些故障现象:

(1) 若输出电压为 15V 左右,故障原因可能是滤波电容脱焊或已损坏。

(2) 若输出电压为 8V 左右,则可能除滤波电容脱焊或已损坏外,还伴随一组整流桥臂脱焊或有一只二极管烧毁断路。

(3) 若输出电压为零,变压器又无异常发热现象,则可能是电源变压器一次侧或二次侧绕组开路或熔断丝熔断,可用万用表交流电压挡测量变压器二次侧电压。

(4) 若接通电源后,熔丝立即熔断,则可能电路存在短路点,可用万用表电阻挡仔细检查。

六、注意事项

(1) 滤波电容的极性不可接反。

(2) 二极管的极性不能接反。

(3) 正确使用仪器和仪表。

(4) 电烙铁在使用过程中不得甩动,长时间不用应该切断电源。

(5) 通电调试必须征得老师同意。

七、成绩评定

成绩评定结果可填入表 4-1-3 中。

表 4-1-3　成绩评定结果

内容		材料	技术要求	配分	评分标准	得分
装配准备	元器件引脚加工成形及导线加工	全部元器件及全部导线	引脚加工尺寸及成形应符合装配工艺要求 导线长度、剥头长度符合工艺要求，芯线完好，捻头镀锡	20 分	总装焊接后，检验成品，被加工尺寸不符、整形折弯、不符合工艺要求的，每件扣 2 分	
印制板焊接	字标方向及高度	全部元器件	应符合工艺要求	10 分	不符合工艺要求，每扣 1 分	
	焊点	全部焊点	焊点大小适中，无漏、假、虚、连焊，焊点光滑、圆润、干净，无毛刺	30 分	不符合要求，每个焊点扣 2 分	
总装	安装质量	全套装配材料	集成电路、二极管、三极管、蜂鸣器、电机及导线安装均应符合工艺要求 紧固件安装可靠牢固，印制板安装对位 电位器运转自如，安装牢固 无烫伤和划伤处，整机清洁无污物	30 分	安装不合格，每处扣 3 分	
常用工具的使用和维护			电烙铁正确使用 钳口工具正确使用和维护 万用表正常使用和维护	10 分	在操作全过程中，各项操作方法不当及错误操作手法，每项扣 1 分；使用保养不好，每件扣 2 分	
练习时间：共 60 分钟			每超时 10 分钟扣 10 分，超时不足 10 分钟按 10 分钟计	—	可倒扣分	
合计			开始时间： 结束时间：	100 分	—	

任务二　串联型可调稳压电源的安装

一、实训目的

（1）熟悉串联型可调稳压电源的工作原理。

（2）掌握串联型可调稳压电源的安装工艺及方法。

（3）掌握串联型可调稳压电源的故障检修技能。

二、电气原理图

串联型可调稳压电源电路如图 4-2-1 所示。

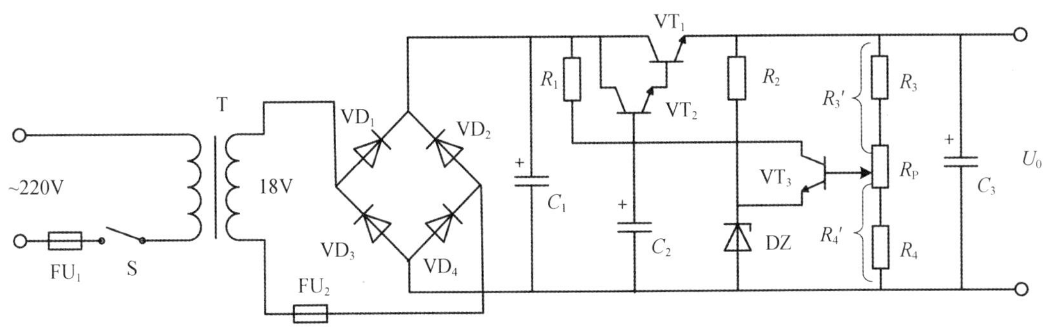

图 4-2-1　串联型可调稳压电源电路

三、电路原理分析

（一）电路原理分析

如图 4-2-1 所示，$VD_1 \sim VD_4$ 组成桥式整流电路，C_1 作为滤波使用，R_3、R_P、R_4 组成取样电路。R_2 与 DZ 为 VT_3 的发射极提供一个基准电压。VT_1、VT_2 组成复合调整管，当 R_P 的滑动臂向上滑动时，相当于减小 R_3' 增大 R_4'，输出电压下降；反之，当 R_P 的滑臂向下滑动时，输出电压 U_0 上升。当然，可调范围是有限的，因为当 R_3' 过小就会使 VT_3 饱和；R_4' 过小又会使 VT_3 截止，所以 R_3' 过小及 R_4' 过小都会导致稳压电路失控。

（二）元件明细

元件明细如表 4-2-1 所示。

表 4-2-1　元件明细

序号	符号	名称	规格与型号	件数
1	S	电源开关	—	1
2	T	变压器	BK50，220V/18V	1
3	$VD_1 \sim VD_4$	二极管	1N4007	4
4	DZ	稳压管	2CW56	1
5	VT_1	三极管	8050	1
6	VT_2、VT_3	三极管	9014	2
7	C_1	电容器	100μF，50V	1
8	C_2	电容器	10μF，25V	1
9	C_3	电容器	500μF，16V	1
10	R_1	电阻	1kΩ	1
11	R_2	电阻	1kΩ	1
12	R_3	电阻	510Ω	1
13	R_4	电阻	300Ω	1
14	R_P	电位器	470～1000Ω	1
15	FU_1	熔断器	B×0.1A	1
16	FU_2	熔断器	B×0.4A	1

四、安装工艺步骤

(1) 清点元器件,并运用万用表简单测试元器件质量。

三极管的简易判别:

①穿透电流 I_{ceo}

用万用表电阻挡量程 $R\times100$ 或 $R\times1k$ 挡,测量集电极—发射极之间的反向电阻。如图4-2-2(a)所示,若测得的电阻值越大,说明 I_{ceo} 越小,则晶体管性能越稳定。一般来说,硅管比锗管阻值大,高频管比低频管阻值大,小功率管比大功率管阻值大。

②共射极电流放大系数

共基极—集电极间接入一只 100kΩ 的电阻,如图 4-2-2(b)所示,此时集电极—发射极之间反向电阻较小,即万用表指针偏摆大。偏摆越大,则放大系数越大。

③晶体三极管的稳定性能

在判断 I_{ceo} 的同时,用手捏住管子,如图 4-2-2(c)所示,管子受人体湿度的影响,集电极—发射极之间的反向电阻将有所减小。若指针偏摆较大,或者说反向电阻值迅速减小,则管子的稳定性较差。

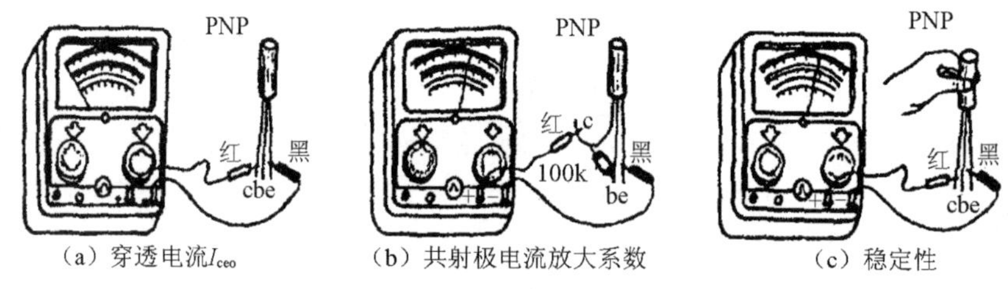

(a) 穿透电流I_{ceo}　(b) 共射极电流放大系数　(c) 稳定性

图 4-2-2　三极管性能简易判别

(2) 清除元件引脚处的氧化层。

(3) 清除空心铆钉板上的氧化层。

(4) 将元器件整形后进行板面布置(参照模块四任务一)。

(5) 按图焊接,铆钉板安装还要进行板后连线。

(6) 检查有无虚焊、漏焊、错焊等。

(7) 无误后,通知教师并通电测试。

(8) 整理工位,记录相关数据,完成实训报告。

五、通电调试

调试过程可以参照模块四任务一进行,可能存在的问题有以下几种情况:

(1) 电容器 C_1 两端电压与正常值有很大的差异,若为 16V 左右,则可能是 C_1 脱焊或断路,另外可能是整流桥中有 1 只二极管脱焊或断路。

(2) 若 C_1 两端电压正常,VT_1 发射极与集地极之间的电压 U_{CE} 与 C_1 两端电压相等,这是 VT_1 截止状态特征,出现上述特征说明调整管可能已损坏。

(3) 测量稳压管 DZ 两端电压应为 7V 左右。若稳压管 DZ 两端电压为零,可能是稳压管接反或已损坏。

(4) 调节电位器 R_P，若输出电压无变化，可能是 R_P 损坏。

六、注意事项

(1) 二极管电解电容应正向连接，稳压管应反向连接。
(2) R_P 的连接线用绝缘线。
(3) R_3 和 R_4 的阻值均不能太小。
(4) 三极管管脚不得近根处弯折。
(5) 正确使用各类仪器、仪表。

七、成绩评定

成绩评定中的具体评分标准同模块四任务一。

任务三　单相可控调压电路的安装

一、实训目的

(1) 掌握单结晶体管触发电路的工作原理。
(2) 掌握单结晶体管触发电路的安装工艺及方法。
(3) 掌握单结晶闸管可控调压电路的安装与调试。

二、电气原理图

单相可控调压电路如图 4-3-1 所示。

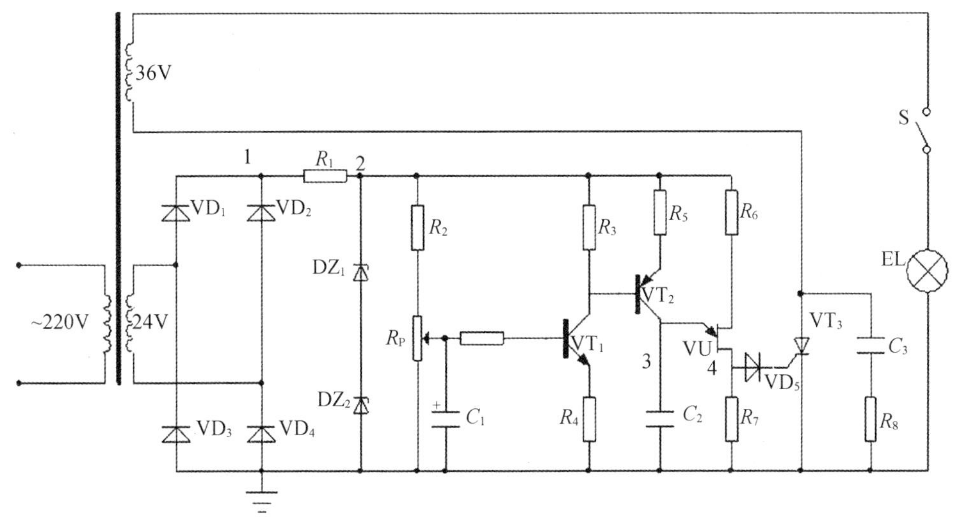

图 4-3-1　单相可控调压电路

三、电路原理分析

（一）电路原理及分析

如图 4-3-1 所示，VD_1～VD_4 四个二极管作桥式整流电路，R_1 和 DZ_1、DZ_2 组成稳压电路。R_P 调节 VT_1 的基极电位，即可改变 VT_1 的基极电流。进而可改变 C_2 的充电电流，达到改变输出脉冲的相位，在 R_7 上能输出触发脉冲，控制晶闸管 VT_3 的导通角，C_3 和 R_8 起到保护 VT_3 的作用。

（二）元件明细

元件明细如表 4-3-1 所示。

表 4-3-1　元件明细

序号	代号	名称	型号及规格	数量
1	VD_1～VD_5	二极管	1N4007	5
2	DZ_1、DZ_2	稳压管	2CW21(9V)	2
3	R_1	电阻	2.2kΩ,2W	1
4	R_2	电阻	3.6kΩ,1/4W	1
5	R_3	电阻	2kΩ,1/4W	1
6	R_4	电阻	100Ω,1/4W	1
7	R_5	电阻	4.7kΩ,1/4W	1
8	R_6	电阻	300Ω,1/4W	1
9	R_7	电阻	100Ω,1/4W	1
10	R_8	电阻	100Ω,1/4W	1
11	R_9	电阻	50Ω	1
12	R_P	电位器	500Ω	1
13	C_1	电解电容	100μF,25V	1
14	C_2	涤纶电容	0.1μF,25V	1
15	C_3	瓷片电容	0.01μF,25V	1
16	VT_1	三极管	9014	1
17	VT_2	三极管	9015	1
18	VU	单晶管	BT33	1
19	VT_3	单向可控硅	BT151	1

四、安装工艺步骤

(1) 清点元器件，并运用万用表简单测试元器件质量。

①晶闸管的简易判别

常见晶闸管外形及符号如图 4-3-2 所示。用万用表电阻挡量程 $R\times100$ 或 $R\times1\text{k}$ 分别调换管脚，测量各管脚之间的电阻，直至测取的数据符合二极管正向导通阻值，此时黑表棒所接的管脚为控制极 G，红表棒所接的为阴极 K，另一管脚为阳极 A。然后再用 $R\times1$ 挡，黑表棒同时接触控制极 G 和阳极 A，红表棒接触阴极 K，这时万用表应显示较小电阻。接着把黑表棒慢慢移离控制极（仍然接触阳极），如果万用表仍能维持导通状态（指针有偏转），说明这个晶闸管是好的；如果未能维持原来的导通状态（指针为无穷大），说明此晶闸管可能已损坏。一些大功率晶闸管由于维持电流大，可使用干电池进行上述试验。

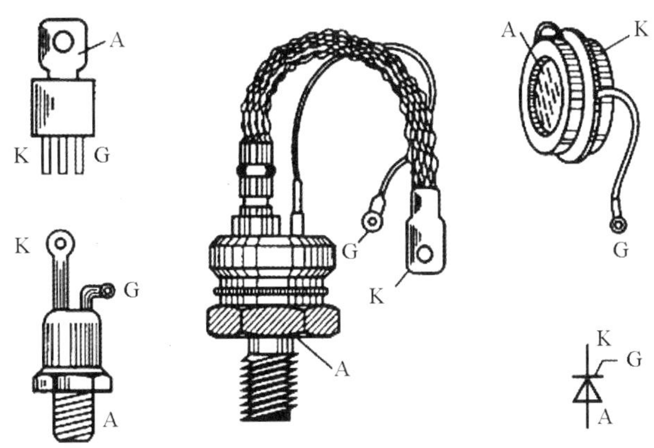

图 4-3-2　常见晶闸管外形及符号

②单结晶体管的简易判别

单结晶体管如图 4-3-3 所示。单结晶体管的 e 极对于 b_1 极、b_2 极都相当于一个二极管，b_1 极与 b_2 极之间相当于一个固定电阻。选取万用表电阻量程 $R\times100$ 挡，将红、黑表棒分别接单结晶体管的任意两个极，测读其电阻值，若第一次测得的电阻小，第二次测得的大，则第一次测时黑表棒所接的为管子的 e 极，红表棒为 b 极，另一管脚也是 b 极。由于单结晶体管在结构上 e 极靠近 b_2 极，故 e 极对 b_1 极的正向电阻比 e 极对 b_2 极的正向电阻要稍大一些。测读 e 极与 b_1 极、e 极与 b_2 极之间的正向电阻值，即可区别第一基极 b_1 和第二基极 b_2。

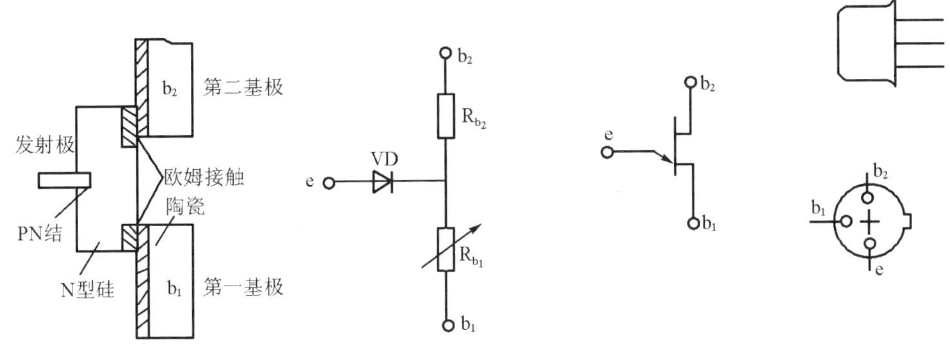

图 4-3-3　单结晶体管

(2) 清除元件引脚和电路板的氧化层。

(3) 将元器件整形后进行板面布置（参照模块四任务一）。

(4) 按图焊接,铆钉板安装还要进行板后连线。

(5) 检查有无虚焊、漏焊、错焊等。

(6) 无误后,通知教师并通电测试。

(7) 整理工位,记录相关数据,完成实训报告。

五、通电调试

调试过程可以参照模块四任务一进行,可能存在的问题有以下几种情况:

(1) 如图 4-3-1 所示,如果 1 点电压为 15V 左右,可能是其中一只整流二极管已损坏,或有一只二极管的管脚虚焊。

(2) 如图 4-3-1 所示,如果 2 点电压的波形不是梯形,可能是 DZ_1、DZ_2 反接,也可能是 DZ_1、DZ_2 已损坏,或者是电源电压太低,DZ_1、DZ_2 无法稳压。

(3) 如图 4-3-1 所示,调节 R_P,如果 4 点的波形不变化,就查 3 点的波形是否发生变化;如果 3 点的波形不变化,就查 VT_2 的各极电压,若 U_{be} 大于 0.7V,则可能是 VT_2 已损坏;如果 VT_2 的电压正常,就查 VT_1 的 U_{be} 电压,若 VT_1 的 U_{be} 大于 0.7V,则可能是 VT_1 已损坏;如果 VT_7 的 U_b 约等于零,可能是 C_1 已损坏。各观察点的波形如表 4-3-2 所示。

表 4-3-2 电路关键检测点的波形

电压名称	观察点	波形
桥式整流后脉动电压	1-0	u; ωt
梯形波同步电压	2-0	稳压管电压; u_{WG}; u_{WG}; ωt
锯齿波电压(R_P 较大)	3-0	u_C; a; a; ωt
输出脉冲(R_P 较大)	4-0	u_{R3}; a; a; ωt
锯齿波电压(R_P 较小)	3-0	u_C; a; a; ωt
输出脉冲(R_P 较小)	4-0	u_{R3}; a; a; ωt

六、注意事项

(1) 稳压管是由 VD_1 和 VD_2 串联而成的。

(2) 要注意 C_1 的极性,反接后会发生炸裂。

(3) VT_1 和 VT_2 的极性不同,安装时要注意极性。

(4) C_3 和 R_8 是可控硅的保护元件,不能漏接。

(5) 接通示波器后,应预热 5~10 分钟,方能操作示波器进行调试。

(6) 调节“辉度”旋钮,以亮度适中为宜,若亮度太大,则会缩短示波器的使用寿命。

(7) 调节“聚焦”旋钮,使亮点形成一个直径不大于 1 毫米的圆点,然后调节“Y 轴移位”和“X 轴移位”旋钮,使亮点居于屏幕正中。应注意:不可使亮点在一个位置上停留过久,以免该点的萤火物质受损老化。

(8) 将被测电压信号接到“Y 轴输入”和“接地”端钮上,根据输入信号的幅度大小选择“Y 轴衰减”开关的挡位。

(9) 在观察“Y 轴输入”电压波形时,应根据输入信号的频率选择 X 轴的扫描时间,使输出信号最低限度地出现一个完整的波形,并可同时调节“扫描微调”,使显示的波形稳定(即所谓的调同步)。

七、成绩评定

成绩评定中的具体评分标准同模块四任务一。

任务四　单稳态电路的安装

一、实训目的

(1) 掌握单稳态电路的工作原理和应用。

(2) 掌握单稳态电路的安装工艺及步骤。

(3) 掌握单稳态电路的调试和参数调整。

二、电气原理图

单稳态电路如图 4-4-1 所示。

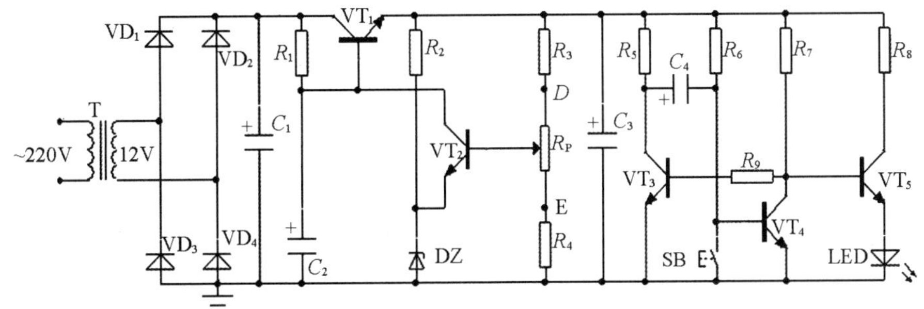

图 4-4-1　单稳态电路

三、电路原理分析

（一）电路原理分析

如图 4-4-1 所示，电路的左边是串联型稳压电源，其原理分析可参考模块四任务二。

电路的右边是单稳态电路，未按按钮 SB 时，VT_4 饱和导通，此时 VT_4 的集电极电位 U_c 为低电压，三极管 VT_3 截止，其集电极 U_c 为高电位，这就是电路的稳定状态，发光二极管 LED 不亮。

当按下 SB 时，$U_{bVT_4}=0V$，使 VT_4 迅速截止，VT_3 迅速饱和，电路进入暂稳状态，在此状态期间，电容 C_4 先经电阻 R_6 和三极管 VT_3 放电（左＋），然后电源通过 R_6 电阻给电容 C_4 反向充电（右＋）；当 U_{bVT_4} 上升到 0.5V 左右时，三极管 VT_4 开始导通，并引起正反馈过程，使 VT_4 迅速饱和，VT_3 迅速截止，电路返回到稳定状态。在 VT_4 截止时，VT_5 饱和，发光二极管 LED 点亮。暂稳态的维持时间受 C_4 电容量大小和 R_6 电阻值大小的影响。

（二）元件明细

元件明细如表 4-4-1 所示。

表 4-4-1　元件明细

序号	代号	名称	型号与规格	数量
1	VD_1～VD_4	二极管	1N4007	4
2	VT_1、VT_5	三极管	S8050	2
3	VT_2～VT_4	三极管	9014	3
4	DZ	稳压管	2CW54(6V)	1
5	LED	发光管	500mA,3V	1
6	C_1	电容	470μF,25V	1
7	C_2	电容	100μF,25V	1
8	C_3、C_4	电容	330μF,25V	2
9	R_P	电位器	1kΩ	1
10	R_1	电阻	1kΩ,1/4W	1
11	R_2	电阻	560Ω,1/4W	1
12	R_3、R_4	电阻	150Ω,1/4W	2
13	R_5、R_7	电阻	4.7kΩ,1/4W	2
14	R_6	电阻	24kΩ,1/4W	1
15	R_8	电阻	560Ω,1/4W	1
16	R_9	电阻	30kΩ,1/4W	1
17	SB	按钮	小按钮	1

四、安装工艺及步骤

(1) 清点元器件,并运用万用表简单测试元器件质量。
(2) 清除元件引脚处的氧化层。
(3) 清除空心铆钉板上的氧化层。
(4) 将元器件整形后进行板面布置(参照模块四任务一)。
(5) 按图焊接,铆钉板安装还要进行板后连线。
(6) 检查有无虚焊、漏焊、错焊等。
(7) 无误后,通知教师并通电测试。
(8) 整理工位,记录相关数据,完成实训报告。

五、调试

调试过程可以参照模块四任务一进行,可能存在的问题有以下几种情况:

(1) 如果桥式整流输出电压为 15V 左右,那么可能是整流桥中有一只二极管已损坏,也可能是 C_1 已断路。

(2) 如果稳压二极管两端的电压没到基准电压 6V 或超过 6V,那么可能是稳压二极管 DZ 已损坏。前半部分串联型稳压电路的调试可以参照模块四任务二进行。

(3) 若按下按钮 SB,发光二极管未点亮,则可能是单稳态电路发生了故障,可通过检测三极管 VT_3 和 VT_4 的各极电位进行分析和维修。

(4) 调节 R_P 使串联型稳压电源的输出电压为 9V;按下按钮 SB,使发光二极管 LED 点亮,测量电路稳态时和暂稳态时三极管 VT_3、VT_4 的各极电位,并列表记录。

(5) 通过改变 C_4 容量和 R_6 阻值的大小改变暂稳态的维持时间。

六、注意事项

(1) 焊接前要读懂图 4-4-1 的工作原理。
(2) C_1、C_2 是二次滤波电容,焊接时要注意极性和容量。
(3) VT_1 与 VT_5 属于不同管型的三极管,插件时要注意选择。
(4) 发光二极管 LED 要测量正向导通电压。

七、成绩评定

成绩评定中的具体评分标准同模块四任务一。

任务五　准互补推挽乙类功放电路的安装

一、实训目的

(1) 进一步熟悉准互补推挽乙类功放电路的工作原理。
(2) 掌握晶体管功放电路的安装工艺和步骤。

(3) 掌握晶体管功放电路的故障检修技能。

二、电气原理图

准互补推挽乙类功放电路如图 4-5-1 所示。

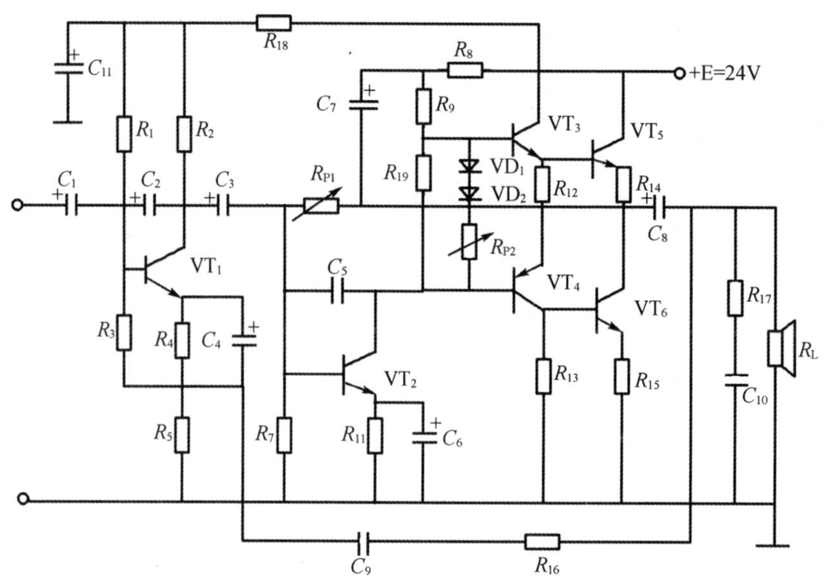

图 4-5-1 准互补推挽乙类功放电路

三、电路原理分析

(一) 电路原理分析

如图 4-5-1 所示,三极管 VT_1 为前置放大器核心,三极管 VT_2 为激励级核心。三极管 VT_3、VT_5 构成复合管;与此相对应的三极管 VT_4、VT_6 也构成复合管。VT_3、VT_5 与 VT_4、VT_6 组成互补推挽功率放大级。电阻 R_{P1} 为 VT_2 的偏流电阻,此电路接至输出端,而不是接至电源输入端,其目的是利用直流负反馈来稳定工作点。因此调节 R_{P1} 的阻值,能改变 VT_2 的集电极电位,从而改变输出端的电位。复合管 VT_3、VT_5 与 VT_4、VT_6 的偏流大小由二极管 VD_1、VD_2 及电阻 R_{P2} 上的压降来决定。在两复合管之间加一定正向偏压,使两管在静态时都处于微导通的状态,能克服交越失真。另外,二极管 VD_1、VD_2 的正向压降与发射结的正向压降几乎有相同的温度系数,所以这种电路具有温度补偿作用。电容器 C_7 是为了提高输出的正向幅度,具有"自举"作用。

(二) 元件明细

元件明细如表 4-5-1 所示。

表 4-5-1 元件明细

序号	符号	名称	型号与规格	件数
1	VT_1	三极管	3DG6	1
2	VT_2	三极管	3DG6	1
3	VT_3	三极管	3DG12	1
4	VT_4	三极管	3CG5	1
5	VT_5	三极管	3DD15	1
6	VT_6	三极管	3DD15	1
7	VD_1、VD_2	二极管	2CK4148	2
8	C_1	电容器	5μF,15V	1
9	C_2	电容器	220P,100V	1
10	C_3	电容器	1μF,15V	1
11	C_4	电容器	100μF,15V	1
12	C_5	电容器	220P,100V	1
13	C_6	电容器	100μF,15V	1
14	C_7	电容器	100μF,25V	1
15	C_8	电容器	1000μF,25V	1
16	C_9	电容器	0.047μF,100V	1
17	C_{10}	电容器	0.1μF,100V	1
18	C_{11}	电容器	100μF,25V	1
19	R_1	电阻	120kΩ,0.5W	1
20	R_2	电阻	10kΩ,0.5W	1
21	R_3	电阻	4.3kΩ,0.5W	1
22	R_4	电阻	2kΩ,0.5W	1
23	R_5	电阻	180Ω,0.5W	1
24	R_{P1}	变阻器	100kΩ,1W	1
25	R_7	电阻	5.1kΩ,0.5W	1
26	R_8	电阻	1kΩ,0.5W	1
27	R_9	电阻	4.3kΩ,0.5W	1
28	R_{P2}	变阻器	1kΩ,1W	1
29	R_{11}	电阻	200Ω,0.5W	1

续 表

序号	符号	名称	型号与规格	件数
30	R_{12}	电阻	200Ω,0.5W	1
31	R_{13}	电阻	200Ω,0.5W	1
32	R_{14}	电阻	0.5Ω,0.5W	1
33	R_{15}	电阻	0.5Ω,0.5W	1
34	R_{16}	电阻	6.2kΩ,0.5W	1
35	R_{17}	电阻	10Ω,0.5W	1
36	R_{18}	电阻	2kΩ,0.5W	1
37	R_{19}	电阻	4.7kΩ,0.5W	1
38	R_L	扬声器	8Ω,3W	1
39	E	直流电源	30V 可调直流稳定电源	1

注：VT_3、VT_5 的电流放大倍数 β_3、β_5 的乘积应与 VT_4、VT_6 的电流放大倍数 β_4、β_6 的乘积相匹配，也就是说要配对。

四、安装工艺及步骤

(1) 清点元器件数量，并检查元件的质量。

(2) 除去电路板表面及元件引脚上的氧化层，并上锡。

(3) 进行板面布置，注意避免连线交叉。

(4) 下焊，并连线。

(5) 检查有否漏焊、虚焊、错焊等。

(6) 无误后，通知指导老师并通电测试，同时记录相关数据。

(7) 整理工位，完成实训报告。

五、通电调试

(一) 直流调试

(1) 将电位器 R_{P2} 调至最小值。

(2) 调节电位器 R_{P1}，使电路中点电位(VT_4 的发射极电位)为电源电压的 1/2，即为 12V，此时应做好中点标记。

(3) 调节电位器 R_{P2}，使三极管 VT_5 的集电极电流为 10～14mA，也应做好标记。

(4) 测试三极管 VT_1～VT_6 各极的电位、基极 b 与发射极 e 之间的电压 U_{be}，以及集电极 c 与发射极 e 之间的电压 U_{ce}，并测试 VT_3 的基极与 VT_4 的基极之间的电压。将相关数据填入表 4-5-2 中。

表 4-5-2 直流调试数据

元件	U_e	U_b	U_c	U_{be}	U_{ce}	VT_3 与 VT_4 基极之间的电压
VT_1						
VT_2						
VT_3						
VT_4						
VT_5						
VT_6						

（二）交流调试

(1) 用信号发生器、示波器测试。当输入信号 U_{KS} 幅度为 20mV，且其频率 f 分别为 100Hz、1000Hz、10000Hz 时，测出其输出电压 U_{R_L}，并求出增益 A。将相关数据填入表 4-5-3 中。

表 4-5-3 交流调试数据

$U_{KS}(f)$	U_{R_L}	增益 A
20mV(100Hz)		
20mV(1000Hz)		
20mV(10000Hz)		

(2) 记录当输入信号 $U_{KS}=20$mV、$f=1000$Hz 时的输出波形图。

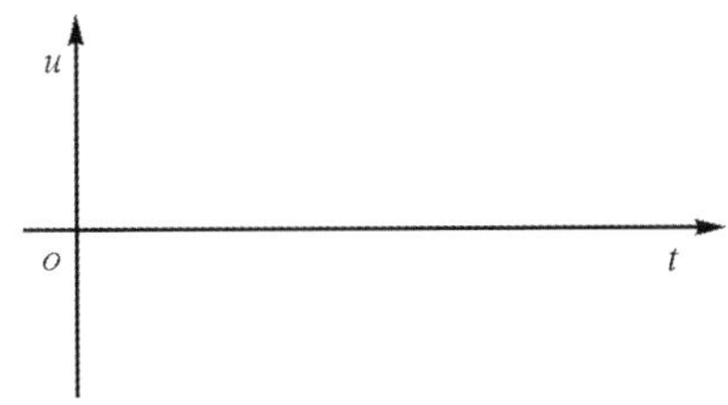

（三）故障检查

接上直流电源后，若三极管 VT_5、VT_6 发烫，这可能是三极管 VT_3、VT_4 接反，不能为三极管 VT_5、VT_6 分去一部分电流，导致 VT_5、VT_6 上电流过大。此时，应立即切断 VT_5、VT_6 通路，排除故障，以免管子烧坏。

输入端接上信号源后，若无交流信号输出，应将电路中的 C_2 与 C_3 的耦合处断开，并把信号源直接接至 C_3 处。此时若扬声器有声音（有输出信号），则说明前置放大级有故障，后级电路正常。如果信号源接至 C_3 处，扬声器无声音，那么说明后级电路有故障，前置也可能有故障，但故障需从后查起。

后级电路的各种故障互有影响，错综复杂，检查时应先从外观上观察：

(1) 各个三极管的 c、b、e 极是否有错焊现象。

（2）各个三极管的偏置电阻阻值是否选错。

（3）VT_3 与 VT_4 两个三极管管脚是否接错。

（4）确认电路安装正确后，进一步检查时，则需测试各个管子的静态工作点，待确认无误后，再接上信号源，直至电路工作正常。

前置电路检查时，仍先从外观上观察，并在确认静态工作点正确后，再接上信号源，直至输出正常。

六、注意事项

（1）焊接前对电路做认真的检查，二极管、电解电容器应注意极性，三极管的 b、c、e 三个极不可接错。

（2）焊接完毕要检查是否有虚焊、假焊与漏焊现象，一经发现应及时改正。

（3）用万用表测量电压时，须选择适当的量程，并注意在测量交直流电压时，要分清正负极。

七、成绩评定

成绩评定结果可填入表 4-5-4 中。

表 4-5-4　成绩评定结果

<table>
<tr><th>项目</th><th>配分</th><th colspan="7">评分标准</th><th>扣分</th><th>得分</th></tr>
<tr><td>按图接线</td><td>50 分</td><td colspan="7">电路接线不正确，扣 5～10 分
布局不合理，扣 5～10 分
焊点毛糙，虚焊、漏焊，扣 10～15 分</td><td></td><td></td></tr>
<tr><td rowspan="8">直流测试</td><td rowspan="8">30 分</td><td colspan="7">中点电位不正确，扣 8 分
VT_5 的集电极电流不正确，扣 8 分
VT_1～VT_6 各极电位、电压的数值不正确，扣 10～14 分</td><td rowspan="8"></td><td rowspan="8"></td></tr>
<tr><td>符号</td><td>U_e</td><td>U_b</td><td>U_c</td><td>U_{be}</td><td>U_{ce}</td><td>VT_3 基极与 VT_4 基极的电压</td></tr>
<tr><td>VT_1</td><td></td><td></td><td></td><td></td><td></td><td rowspan="6"></td></tr>
<tr><td>VT_2</td><td></td><td></td><td></td><td></td><td></td></tr>
<tr><td>VT_3</td><td></td><td></td><td></td><td></td><td></td></tr>
<tr><td>VT_4</td><td></td><td></td><td></td><td></td><td></td></tr>
<tr><td>VT_5</td><td></td><td></td><td></td><td></td><td></td></tr>
<tr><td>VT_6</td><td></td><td></td><td></td><td></td><td></td></tr>
</table>

续 表

<table>
<tr><th>项目</th><th>配分</th><th colspan="3">评分标准</th><th>扣分</th><th>得分</th></tr>
<tr><td rowspan="5">交流测试</td><td rowspan="5">10 分</td><td colspan="3">使用不熟练,扣 3～5 分
输出电压及增益不正确,扣 3～5 分</td><td rowspan="5"></td><td rowspan="5"></td></tr>
<tr><td>$U_{KS}(f)$</td><td>U_{R_L}</td><td>增益 A</td></tr>
<tr><td>20mV(100Hz)</td><td></td><td></td></tr>
<tr><td>20mV(1000Hz)</td><td></td><td></td></tr>
<tr><td>20mV(10000Hz)</td><td></td><td></td></tr>
<tr><td>绘制波形</td><td>10 分</td><td colspan="3">画出输出波形图(f=1000Hz),若不正确,扣 10 分</td><td></td><td></td></tr>
<tr><td>练习时间</td><td>共 240 分钟</td><td colspan="3">每超过 10 分钟,扣 10 分</td><td></td><td></td></tr>
<tr><td>开始时间</td><td></td><td colspan="3">结束时间 | | 实际时间 |</td><td></td><td></td></tr>
<tr><td>合计</td><td>100 分</td><td colspan="3">—</td><td></td><td></td></tr>
</table>

八、思考题

如何测出该电路的频率特性?

互联网+教育+出版

立方书

教育信息化趋势下，课堂教学的创新催生教材的创新，互联网+教育的融合创新，教材呈现全新的表现形式——教材即课堂。

轻松备课

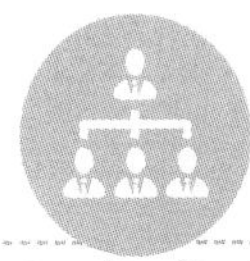

分享资源

发送通知

作业评测

互动讨论

"一本书"带走"一个课堂"　教学改革从"扫一扫"开始

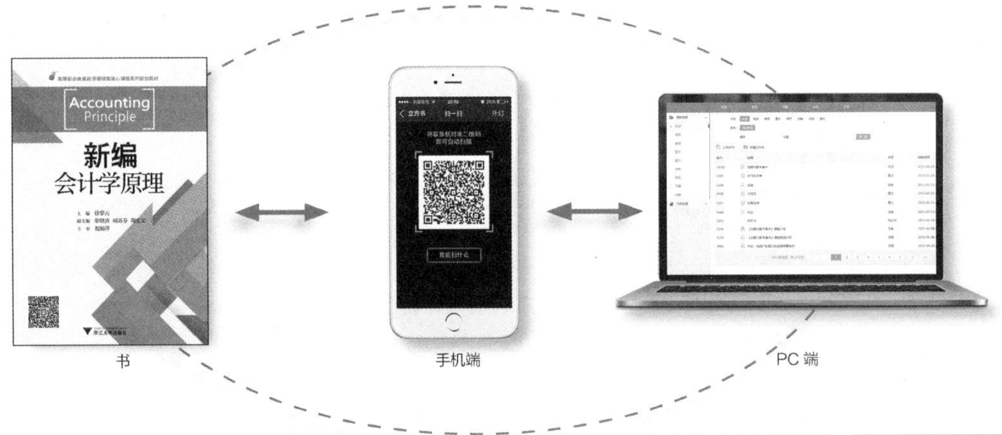

打造中国大学课堂新模式

【创新的教学体验】

开课教师可免费申请"立方书"开课，利用本书配套的资源及自己上传的资源进行教学。

【方便的班级管理】

教师可以轻松创建、管理自己的课堂，后台控制简便，可视化操作，一体化管理。

【完善的教学功能】

课程模块、资源内容随心排列，备课、开课，管理学生、发送通知、分享资源、布置和批改作业、组织讨论答疑、开展教学互动。

扫一扫　下载APP

教师开课流程

- 在APP内扫描封面二维码，申请资源
- 开通教师权限，登录网站
- 创建课堂，生成课堂二维码
- 学生扫码加入课堂，轻松上课

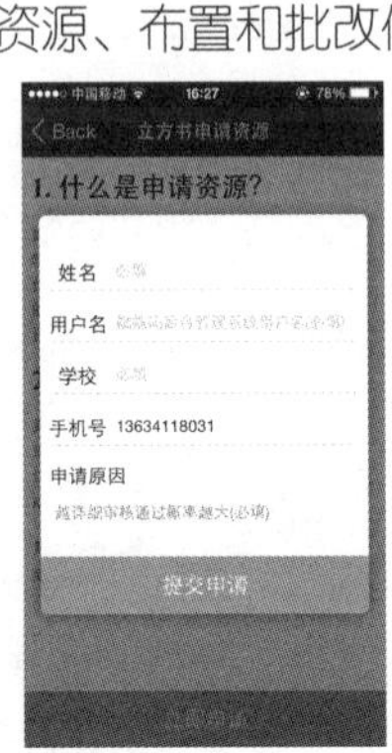

网站地址：www.lifangshu.com

技术支持：lifangshu2015@126.com；电话：0571-88273329